21世纪高职高专系列规划教材·计算机类专业

高职高专"十二五"规划教材

Java程序设计

JAVA CHENGXU
SHEJI

主　编◎张瑞英　郎薇薇
　　　　何凤

副主编◎冯艳茹　赵冬玲

参　编◎刘妍东　郭亚东

北京师范大学出版集团
BEIJING NORMAL UNIVERSITY PUBLISHING GROUP

北京师范大学出版社

图书在版编目（CIP）数据

Java 程序设计/张瑞英，郎薇薇，何凤主编. —北京：北京师范大学出版社，2014.2
（21世纪高职高专系列规划教材）
ISBN 978-7-303-17365-5

Ⅰ. ①J… Ⅱ. ①张…②郎…③何… Ⅲ. ①JAVA 语言-程序设计-高等职业教育-教材 Ⅳ. ①TP312

中国版本图书馆 CIP 数据核字（2013）第 298668 号

营 销 中 心 电 话	010-58802755　58800035
北师大出版社职业教育分社网	http://zjfs.bnup.com
电 子 信 箱	zhijiao@bnupg.com

出版发行：北京师范大学出版社　www.bnup.com
　　　　　北京新街口外大街 19 号
　　　　　邮政编码：100875

印　　刷：保定市中画美凯印刷有限公司
经　　销：全国新华书店
开　　本：184 mm×260 mm
印　　张：11.75
字　　数：245千字
版　　次：2014 年 2 月第 1 版
印　　次：2014 年 2 月第 1 次印刷
定　　价：20.00 元

策划编辑：周光明　　　　责任编辑：周光明
美术编辑：高　霞　　　　装帧设计：李　尘
责任校对：李　菡　　　　责任印制：孙文凯

前　言

  Java 伴随着 Internet 问世，又随着 Internet 的发展而不断成熟，Java 目前已经成为广泛应用的程序设计语言，它具有简单、面向对象、安全和健壮性等诸多特点，是网络编程的标准开发工具语言。如今计算机及其网络应用已深入人们生活的方方面面，作为一名计算机专业大学生，无疑应该掌握一定的计算机知识和编程技能。同时，为了迎接信息时代的挑战，学习和掌握 Java 语言无疑会给广大学生将来步入社会带来更多的机遇。

  本书的目标是帮助学生深入、细致、系统地学习 Java 语言知识，深入理解 Java 语言的精髓，掌握 Java 语言的编程知识和编程技术。主要内容包括：Java 运行环境，Java 语言基础，Java 类和方法，图形用户界面，异常处理机制，图形用户界面设计，线程，类和常用工具，数据流等。这些内容是编写 Java 程序的基本要素和必备知识。

  本书采用案例教学的方法，围绕任务进行，力求深入浅出、叙述详细、概念清晰、通俗易懂。书中每个实例都是作者根据所讲述的知识点精心设计的，展示了如何将 Java 编程知识和编程技巧应用于实践中，具有很强的实用性。

  本书在内容布局上，适合高职学生的认知规律。每章的开始都给出本章的内容提要和本章要点，使读者在学习前明白本章要掌握的内容，在学习时可以抓住重点，有针对性地学习。每章的最后都给出具有针对性的习题，每个习题都是精心设计挑选的，用来巩固、消化本章学习的知识。把书中的理论知识通过习题与实践结合起来，有利于读者更快掌握每章的 Java 编程知识，巩固所学内容。

  本书的第 2、4 章由郎薇薇编写，第 1、10 章由张瑞英编写，第 6、7、8 章由何凤、冯艳茹编写，第 9 章刘妍东编写、第 11 章由郭亚东和张瑞英共同编写，第 3、5 章由赵冬玲编写，全书由张瑞英负责统稿。

  本书适用于高职高专院校的 Java 程序设计类相关课程教材，也可以作为程序爱好者的入门辅导书，还可以作为培训机构的培训教材。

  由于本书的编写时间很仓促，书中难免有不妥与疏漏之处，还敬请各位读者不吝指正。

编者
2013 年 12 月

目 录

第 1 章　Java 语言入门

内容提要

　　本章将介绍 Java 语言的起源、特点和应用领域，以及 Java 语言的环境及参数配置。初步编写最简单的 Java 小程序，通过这些内容的学习，程序设计者会选择 Java 开发工具，可以对简单的 Java 程序有一定的了解。

本章要点

- Java 语言的起源。
- Java 语言的特点。
- 能够搭建 Java 的开发环境。
- 简单的 Java 程序。

▶ 1.1　Java 的起源

【任务 1-1】了解 Java 语言的起源、版本和特点

　　通过本次任务的学习，可以初步对 Java 语言的起源、特点以及各种版本有一定的了解。

1.1.1　Java 概述

　　Java 包括 Java 编程语言、开发工具和环境、Java 类库等。

　　Java 语言是由美国 SUN 公司开发的一种完全面向对象的程序设计语言。Java 语言由 C++ 语言发展而来，但比 C++ 简单。它是当前网络编程中的首选语言。

　　从 1995 年 5 月诞生至今，Java 语言随着 Internet 的迅猛发展而成长壮大，现在已经成为 Internet 上的主流编程语言。J2ME/J2SE/J2EE 三大平台强大的应用系统设计能力，使得 Java 无处不在。

1.1.2　Java 的起源

　　Java 开始并不叫 Java，而是叫 Oak，1991 年 SUN 公司成立 GREEN 项目组，开发一种用于消费电器设备控制的嵌入式系统，该系统最初采用 C++ 语言开发，但是由于 C++ 语言太烦琐而且安全性差，不能满足要求，于是 GREEN 项目组研究开发了一种新的语言，取名 Oak。

　　但 Oak 是另外一个注册公司的名字。由于商标冲突，Oak 这个名字不能再用了，所以在 1995 年，SUN 公司把 Oak 更名为 Java。Java 是印度尼西亚的爪哇岛的英文名称，因盛产咖啡而出名。Java 语言中的许多类库名称，多与咖啡有关，如 JavaBeans（咖啡豆）、NetBeans（网络豆）以及 ObjectBeans（对象豆）等。SUN 和 Java 的标识也正是一杯正冒着热气的咖啡。虽然可编程控制设备的消费市场并没有像预期的那样大规

模发展，但是 Java 并没有因此而随之淹没。

1.1.3　JDK 版本

JDK 是 Java Development Kit 的简称，是整个 Java 的核心。JDK 包括了 Java 运行环境、Java 工具和 Java 基础类库。没有 JDK 的话，无法安装或者运行 Java 程序。自从 Java 推出以来，JDK 版本已经从最初的 1.0 发展到最新的 1.6，经历了几次更新。其中 1998 年年底发布的 1.2 版本是一个重要的版本，SUN 称之为 Java2 SDK（注：SDK 是 Software Development Kit 的简称），此后的 Java 就称为 Java 2 平台。由于 SUN 公司的开放策略，用户可以在其网站上免费获取 JDK，所以这也是 Java 语言能够迅速发展的一个重要原因。

1996 年 6 月 SUN 公司把 JDK1.3 划分为 J2SE、J2EE、J2ME 三个版本，这三个平台分别定位于桌面应用、企业级应用和嵌入式应用，使 Java 技术获得最广泛的应用。用户可以根据实际应用领域的需求选择不同的 Java 平台。

J2SE（Java 2 Standard Edition），Java 标准版，是我们通常用的一个版本，它包含 Java 编译器、Java 类库、Java 运行时的环境和 Java 命令行工具。

J2EE（Java 2 Enterprise Edition），Java 企业版，提供分布式企业软件组件架构规范。

J2ME（Java 2 Micro Edition），主要用于移动设备、嵌入式设备上的 Java 应用程序，提供 Java Card、Java Telephone、Java TV 等技术，支持智能卡业务、移动通信、电视机顶盒等功能。

▶ 1.2　Java 的特点

Java 成为目前网络编程的首选语言，充分说明 Java 语言的设计思想和其所有的特点适应了网络发展的特殊需要。

Java 语言具有以下几个特点。

1. 简单易学

Java 最初是为对家用电器进行集成控制而设计的一种语言，因此它必须简单明了。Java 语言的简单性主要体现在以下三个方面：1）Java 的风格类似于 C++，因而 C++程序员是非常熟悉的。从某种意义上讲，Java 语言是 C 及 C++语言的一个变种，因此，C++程序员可以很快就掌握 Java 编程技术。2）Java 摒弃了 C++中容易引发程序错误的地方，如指针和内存管理。3）Java 提供了丰富的类库。这样无论是掌握了 Java 语言再学 C 语言，还是掌握了 C 语言再来学习 Java 语言，都会感到易于入门。

2. 面向对象

面向对象可以说是 Java 最重要的特性。Java 语言的设计完全是面向对象的，它不支持类似 C 语言那样的面向过程的程序设计技术。Java 支持静态和动态风格的代码继承及重用。现实世界中任何实体都可以看作是对象。对象之间通过消息相互作用。另外，现实世界中任何实体都可归属于某类事物，任何对象都是某一类事物的实例。如果说传统的过程式编程语言是以过程为中心、以算法为驱动的话，面向对象的编程语言则是以对象为中心以消息为驱动。用公式表示，过程式编程语言为：程序＝算法＋数据；面向对象编程语言为：程序＝对象＋消息。所有面向对象编程语言都支持三个概念：封装、多态性和继承，Java 也不例外。现实世界中的对象均有属性和行为，映射到计算机程序上，属性则表示对象的数据，行为表示对象的方法（其作用是处理数据或同外界交互）。

3. 平台无关性

Java 设计之初，并非为在 Internet 上应用，而是出于对独立于平台的编程语言的需要。如今，Java 语言在网络编程上的成功正是归功于它独立于平台的特性。使用 Java 语言编写的应用程序不需要进行任何修改，就可以在不同的软、硬件平台上运行，因此大大降低了开发、维护和管理的开销。这主要通过 Java 虚拟机（JVM）来实现。Java 虚拟机能掩盖不同 CPU 之间的差别，使 J-Code 能运行于任何具有 Java 虚拟机的机器上。

4. 安全性

Java 语言通过使用编译器和解释器在很大程度上避免了病毒程序的产生和网络程序对本地系统的破坏。另外，它去除了 C＋＋中易造成错误的指针，增加了自动内存管理等措施，保证了 Java 程序运行的可靠性。此外，当 Java 用来创建浏览器时，语言功能和浏览器本身提供的功能结合起来，使它更安全。

5. 多线程

多线程也叫并发性，它是当今软件技术的一个重要成果，已成功应用在操作系统、应用开发等多个领域。多线程技术允许同时存在几个执行体，按几条不同的执行线路共同工作，满足了一些辅助软件的需求。Java 支持多线程技术，就是多个线程并行机制，多线程是 Java 的一个重要方法，特别有利于在程序中实现并发任务。Java 提供 Thread 线程类，实现了多线程的并发机制。因为 Java 实现的多线程技术，所以比 C 和 C＋＋更健壮。

6. 健壮性

Java 致力于检查程序在编译和运行时的错误。类型检查帮助检查出许多开发早期出现的错误。Java 操纵内存减少了内存出错的可能性。Java 还实现了真数组，避免了覆盖数据的可能。这些功能特征大大缩短了开发 Java 应用程序的周期。Java 提供 Null 指针检测数组边界、检测异常出口和字节代码校验。

7. 动态性

Java 的动态特性是其面向对象设计方法的发展。它允许程序动态地装入运行过程中所需要的类，这是 C＋＋语言进行面向对象程序设计所无法实现的。在 C＋＋程序设计过程中，每当在类中增加一个实例变量或一种成员函数后，引用该类的所有子类都必须重新编译，否则将导致程序崩溃。Java 从如下几方面来解决这个问题。Java 编译器不是将实例变量和成员函数的引用编译为数值引用，而是将符号引用信息在字节码中保存传递给解释器，再由解释器在完成动态链接类后，将符号引用信息转换为数值偏移量。这样，一个在存储器生成的对象不在编译过程中决定，而是延迟到运行时由解释器确定。这样，对类中的变量和方法进行更新时就不至于影响现存的代码。解释执行字节码时，这种符号信息的查找和转换过程仅在一个新的名字出现时才进行一次，随后代码便可以全速执行。在运行时，确定引用的好处是可以使用已被更新的类，而不必担心会影响原有的代码。如果程序连接了网络中另一系统中的某一类，该类的所有者也可以自由地对该类进行更新，而不会使任何引用该类的程序崩溃。Java 还简化了使用一个升级的或全新的协议的方法。如果你的系统运行 Java 程序时遇到了不知怎样处理的程序，没关系，Java 能自动下载你所需要的功能程序。

▶ 1.3　Java 开发环境的建立及环境配置

【任务 1-2】Java 环境变量配置

通过本任务的学习能够熟练掌握 JDK 的安装以及进行环境变量的配置，为今后编程做准备。

1.3.1　JDK 的安装

1. 安装环境要求

Java 对计算机的要求不高，以下是基于 Windows 平台的计算机的最低要求。

硬件要求：CPU P II 以上，64MB 内存，100MB 硬盘空间。

软件要求：Windows 98 \ NT \ 2000 \ XP，Internet Explorer 5.0。

2. 下载 JDK

由于 SUN 公司在 2010 年已经被 Oracle 公司收购，所以现在 JDK 的下载都要访问 Oracle 的主页。

(1) 打开 IE 浏览器，在地址栏输入网址 http://www.oracle.com/technetwork/java/javase/downloads/index.html，按回车键，打开 JDK 下载主页面，如图 1-1 所示。

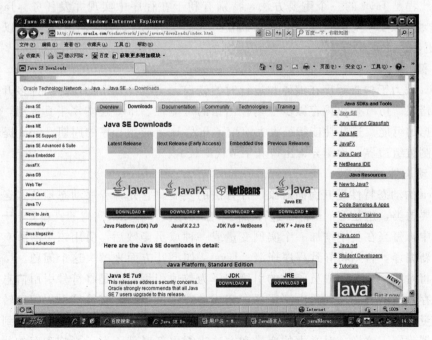

图 1-1　JDK 下载主页面

（2）单击最左侧的 Java DOWNLOAD 按钮，出现如图 1-2 所示的页面，在该页面中选择 Windows X86 大小为 123.49MB，名为"jdk-7 u9-windows-i586.exe"。

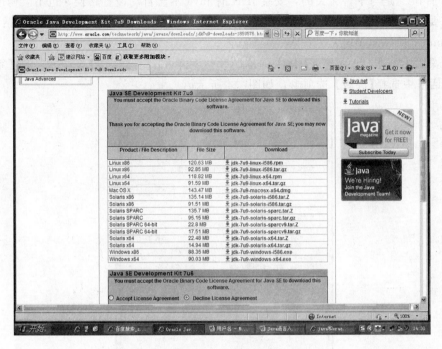

图 1-2　下载界面

3. 安装 JDK

运行 jdk-7 u9-windows-i586.exe 来安装 JDK，安装过程中设置安装路径，并选择组件，默认"组件选择"是全部安装。安装成功。如图 1-3 所示。

图 1-3　JDK 的目录结构

1.3.2 配置环境变量

由于 Java 是与平台无关的，安装 JDK 时 Java 不会自动设置路径，也不会修改注册表，需要用户自己设置环境变量，但是不需要修改注册表。设置的环境变量包括 path、java_home 和 classpath。

在桌面上右击【我的电脑】，在弹出的快捷菜单中选择【属性】，在弹出的【系统属性】对话框中选择【高级】选项卡，如图 1-4 所示。

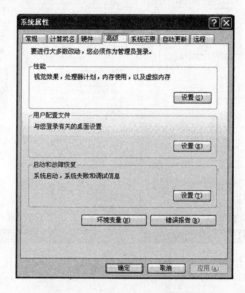

图 1-4 【系统属性】对话框

单击【环境变量】按钮，打开【环境变量】对话框，如图 1-5 所示。

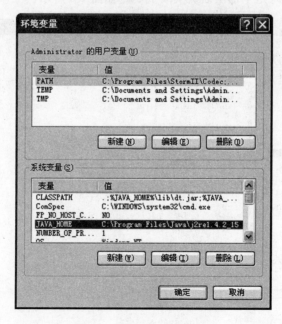

图 1-5 【环境变量】对话框

1. 编辑用户变量 path

path 是 Windows 已经定义的变量，在【Administrator 的用户变量】列表框中的【变量】一栏，找到"path"，单击【编辑】按钮，在打开的【编辑用户变量】对话框中，将"C：\Program Files \ Storm Ⅱ \ Codec；C：\Program Files \ Storm Ⅱ"加到【变量值】文本框，如图 1-6 所示。

图 1-6　编辑用户变量 path

2. 新建系统变量 java_home

在【Administrator 用户变量】选项区中单击【新建】按钮，建立 java_home 系统变量，【变量值】设置为 C：\Program Files \ Java \ j2re1. 4. 2_15 "．；%JAVA_HOME% \ lib \ dt. jar；%JAVA_HOME% \ lib \ tools. jar；"，如图 1-7 所示。单击【确定】按钮，配置成功。

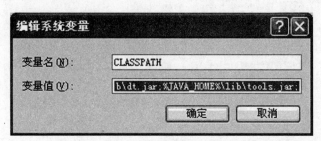

图 1-7　系统变量 java_home

3. 新建 classpath

classpath 是 JDK 包的路径，在【Administrator 用户变量】选项区中单击【新建】按钮，建立系统变量 classpath，如图 1-8 所示。

图 1-8　系统变量 classpath

设置好系统变量之后，单击 Windows 任务栏的【开始】按钮，选择【运行】命令，在弹出的对话框中输入"cmd"命令，进入 DOS 窗口，在 DOS 窗口下输入"java"命令后，按回车键，如果出现其用法参数提示信息，则表明 JDK 安装正确。如图 1-9 所示。

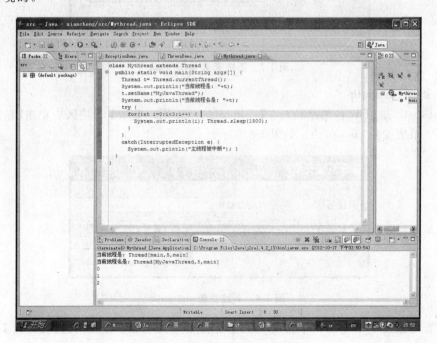

图 1-9　Java 安装成功参数提示信息

▶ 1.4　Java 集成开发工具——Eclipse 介绍

如图 1-10 所示，Eclipse 是一种可扩展的开放源代码的 Java 集成开发环境，它最大的特点是能够接受由 Java 开发者自己编写的开放源代码插件。本书也主要是以其作为编程环境的。

图 1-10　Eclipse 的工作环境

目前 Java 的集成开发工具除了 Eclipse 之外，还有 SUN 公司的 NetBeans 以及英国 Kent 大学和澳大利亚 Deakin 大学开发的 BlueJ。

▶ 1.5   实例 1：建立 Java 应用程序

【任务 1-3】使用 Eclipse 来编写简单的 Java 程序

通过本次任务的学习，能够熟练掌握用 Eclipse 的开发环境进行 Java 程序设计，并能初步树立起面向对象程序设计中类的概念。

安装完 Eclipse 之后，双击 Eclipse 图标，打开工作界面，在工具栏中单击【New】按钮，选择【Java Project】，弹出如图 1-1 所示对话框，在弹出的对话框中，输入工程名字，输入"1"，如图 1-11 所示。

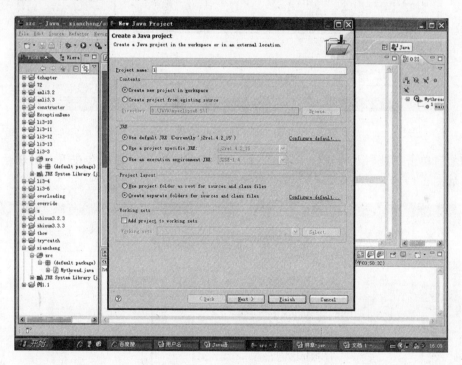

图 1-11   新建 Java 工程

然后单击【Next】按钮，再单击【Finish】按钮，会在左侧出现工程 1 的文件夹。双击该文件夹，出现"src"，然后右击"src"，选择 new class，也就是新建一个类，注意类名要符合 Java 的命名规矩，在之后的章节我们会具体讲解，这里，类名叫"Hello"，如图 1-12 所示。然后再单击【Finish】按钮。

然后就可以输入程序代码：

```
public class Hello {
    public static void main(String args[]){
        System.out.println("hello");
    }
}
```

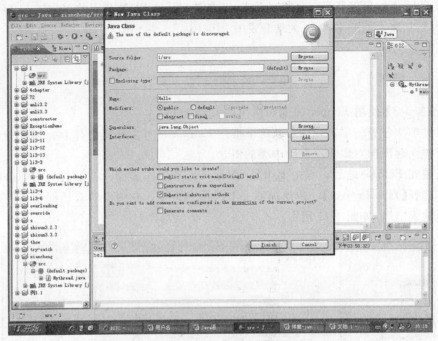

图 1-12　新建 Java 类

然后单击工具栏上的运行按钮，即【Run】按钮，保存完之后会在下方出现运行结果。如图 1-13 所示。

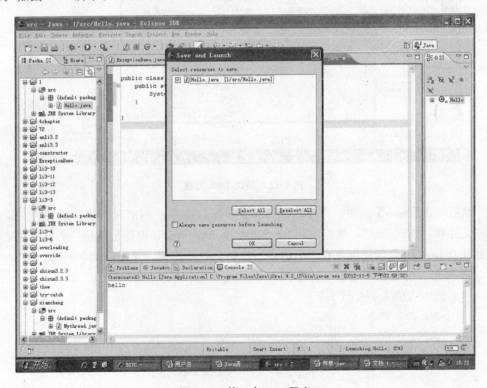

图 1-13　第一个 Java 程序

▶ 1.6　综合案例

1. JDK 的安装、配置环境变量。

2. 编辑、编译、运行以下程序，说出该程序的功能。改变变量 n 的值，运行结果有什么变化？

```
public class Sum{
  public static void main(String args[]){
   int i=1，n=10，s=0；
   System.out.println("sum("+n+")=");
    for(i=1；i<n；i++){
    s+=i；
    System.out.println(i+"+");
    }
    System.out.println(i+"="+(s+i));
      }
}
```

▶ 1.7　小结

本章节主要介绍了 Java 的起源、特点以及环境参数的设置，以及简单的 Java 程序和 Eclipse 环境的使用。

习题一

1. Java 语言的特点有哪些？

2. 什么是平台无关性？Java 语言是如何实现平台无关性的？

3. Java 是面向什么的编程语言？

4. 什么是面向对象？什么是面向过程？

5. JVM 是什么？其作用是什么？

第 2 章　数据类型、运算和语法

内容提要

本章将介绍 Java 语言的标识符、关键字、基本的数据类型、常量与变量以及运算符和表达式的使用。通过这些内容的学习，程序设计者可以掌握 Java 程序的语法规则，能够使用这些语法进行程序的编写。

本章要点

- Java 语言的运算符和关键字。
- Java 语言的基本数据类型。
- Java 语言的常量与变量。
- 运算符和表达式。

▶ 2.1　标识符和关键字

【任务 2-1】掌握 Java 中的关键字和标识符

通过本次任务的学习，能够熟练掌握 Java 中的关键字和标识符的基本知识，为今后进行 Java 程序设计打下良好基础。

2.1.1　标识符

标识符是构成程序设计语言的基本要素。Java 语言应用程序中的标识符由程序中变量、常量、面向对象程序设计中的类名以及成员方法名构成。

Java 语言中的标识符规定如下：

(1)必须由一个字母、下画线(_)或者美元符($)开始，随后可附加多个数字或者字母。

(2)除了开始的第一个字符之外，后面可以跟字母、下画线、美元符和数字。

(3)标识符要区分大小写。

(4)没有最大长度限制。

下面举例说明 Java 语言的标识符。

合法的标识符：intTest、Manager_Name、_var、$var、var3

非法的标识符：3var(数字不能作为第一个字符)

　　　　　　　My#(#为非法字符)

　　　　　　　switch(为关键字)

2.1.2　关键字

关键字是计算机语言里事先定义的、有特别意义的标识符，有时又叫保留字(reserved word)或者关键字(keyword)。

Java 的关键字对 Java 的编译器有特殊的意义，它们用来表示一种数据类型，或者表示程序的结构等，关键字不能用作变量名、方法名、类名、包名。表 2-1 中列出了 Java 中的常用关键字，完整的关键字请参看 Java 语言的相关文档。

表 2-1　Java 常用关键字

abstract	boolean	break	byte	case
catch	char	class	continue	default
do	double	else	enum	extends
final	finally	float	for	if
implements	import	instanceof	int	interface
long	native	new	package	private
protected	public	return	strictfp	short
static	super	switch	synchronized	this
throw	throws	transient	try	void
volatile	while			

▶ 2.2　实例 2：基本数据类型转换

【任务 2-2】掌握 Java 中的基本数据类型的转换

通过本次任务的学习，能够熟练掌握 Java 中的基本数据类型转换的基本知识，体会不同数据类型的区别和使用范围。

【实例 2-1】编译运行下列程序代码，写出运行结果。

1. 代码如下

```
public class AutoTypePromot {
public static void main(String args[]){
char c='h';
byte b=5;
int i=65；
long l=465l;
float   f=5.65f;
double d=3.234；
int   ii=c+i；
long ll=l-ii；
float ff=b * f；
double dd=ff/ii+d；
System.out.println("ii="+ii)；
System.out.println("ll="+ll)；
System.out.println("ff="+ff)；
```

```
        System.out.println("dd="+dd);
    }
}
```

2. 调试运行程序

运行结果如图 2-1 所示。

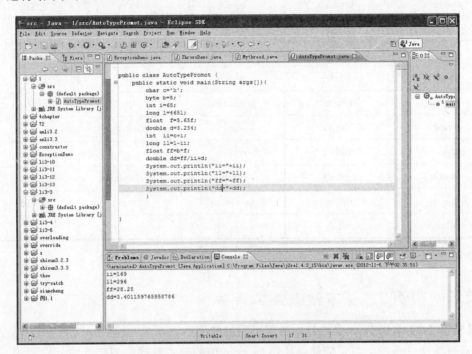

图 2-1　数据类型转换的运行结果

2.2.1　基本数据类型

在 Java 语言程序设计中，可以根据实际需要定义多种数据类型。按照定义形式和内容，可以将这些数据类型划分为基本数据类型和引用数据类型两种，如图 2-2 所示。

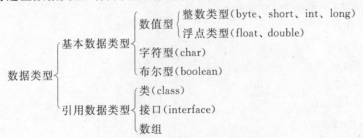

图 2-2　Java 基本数据类型构成图

1. 整数类型

Java 语言中定义了由关键字 byte、short、int、long 定义的四种整数数据类型。每种整数数据类型可用十进制、八进制、十六进制数值形式进行赋值。需要注意的是，Java 语言中所有的整数类型都是符号数据类型，不像 C 语言或者 C++那样定义无符号整数。四种整数数据类型的二进制长度及表示范围如表 2-2 所示。

表 2-2　Java 整型数据类型的取值范围

数据类型	长度	数值范围
byte	8	$-128 \sim 127$
short	16	$-32768 \sim 32767$
int	32	$-2147483648 \sim 2147483647$
long	64	$-9223372036854775808 \sim 9223372036854775807$

2. 浮点类型

Java 语言中定义的浮点类型包括单精度类型 float 和双精度浮点类型 double，用于表示由"数字＋小数点＋数字"构成的数值。

由 float 关键字定义的浮点数，其占用的二进制数据位为 32 位。由 double 关键字定义的浮点数，其占用的二进制数据位为 64 位。

3. 字符类型

Java 语言中字符类型用关键字 char 定义字符型，在程序中必须使用一对单引号来定义。如'a'表示字符 a，'\t'表示一个制表位。

Java 与 C 语言相同，同样定义了转义字符，其含义是由两个或者多个字符构成的字符串来表示 A～Z 之间的字符无法表示的意义。如下表 2-3 所示。

表 2-3　Java 中定义的转义字符

转义字符	功能描述
\ ddd	利用八进制数表示字符
\ udddd	利用十六进制数表示字符
\ '	单引号
\ "	双引号
\ \	反斜杠
\ r	回车
\ n	换行
\ f	走纸换行
\ t	制表符
\ b	退格

4. 布尔类型(逻辑类型)

在 Java 语言中，利用关键字 boolean 定义布尔类型，在变量的初始化和赋值过程中，只能将逻辑量赋值为 true 或者 false。请注意这两个单词均为小写。

2.2.2　数据类型转换

整型、实型、字符型数据可以混合运算。运算中，不同的数据类型的数据先转换成同一类型，然后进行运算。按照优先关系，转换分为两种：自动类型转换和强制类型转换。

1. 自动数据类型转换

自动数据类型转换按以下规则转换：

整型、实型、字符型数据混合运算时，从低级到高级的优先关系如下：

byte、short、char、int、long、float、double

低————————————————————————————————————→高

2. 强制数据类型转换

如果需要将高级类型数据转换成低级类型的数据，需要强制类型转换，否则编译系统就会报错。强制类型转换的格式为：(目标数据类型)变量名或者表达式。

例如：

double y＝12.5；

int x；

x＝(int)y；

结果是 x＝12，赋值时舍弃了 y 的小数部分。所以使用强制数据类型转换，可能会导致数据溢出或者数据精度下降，故应该谨慎使用。

▶ 2.3 实例 3：变量及常量应用

2.3.1 变量及常量的应用实例

【任务 2-3】掌握 Java 中的变量和常量的使用方法

通过本次任务的学习，能够熟练掌握 Java 中的变量和常量的基本知识。

【实例 2-2】已知圆的半径为 2，求圆的面积和周长。

(1)程序代码如下：

```java
public class Circle {
    public static void main(String args[]){
        final double PI＝3.14159；
        int r＝3；
        double s，l；
        s＝PI * r * r；
        l＝2 * PI * r；
        System.out.println("s＝"＋s)；
        System.out.println("l＝"＋l)；
    }
}
```

(2)调试运行程序，结果如图 2-3 所示。

2.3.2 相关知识点

Java 中的数据分为常量和变量，常量指的是在程序运行过程中不会改变的量，通常常量名要大写。定义常量时要使用 final 关键字。其语法为：final 类型 常量名；

例如：final int MIN_VALUE＝0；

与常量不同的是，变量是在程序运行的过程中值会发生改变的量。变量代表内存中一个或者几个内存单元，变量的值就存放在该内存单元中。在 Java 编程规范中，变量名以小写字母开头，如果该变量由多个单词组成，则第一个单词之后的所有单词都

图 2-3　求圆的面积和周长

以大写字母开头。即"驼峰命名法"。其语法为：类型 变量名；

　　例如：double interestRate＝6.23；

　　变量的使用过程中要先声明，再赋值。也可以在声明的同时进行赋值。

▶ 2.4　文档

　　Java API 文档是对 Java JDK 的讲解，也就是 Java 里面提供的类、接口、方法、属性的讲解，也叫 Java 开发帮助文档。下载方法如下：

　　1. 进入官网 http：//www.oracle.com/technetwork/java/index.html。

　　2. Oracle 主页→download 下拉菜单里找到 Java for development→按 Ctrl＋F 组合键搜索 Java SE 6 Documentation→单击后面的 download zip 按钮。如图 2-4 所示。

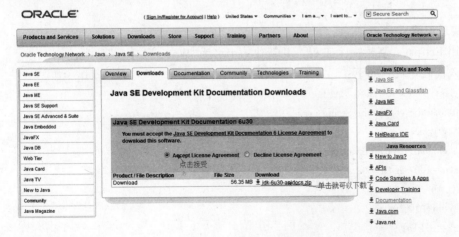

图 2-4　API 下载界面

这样就可以在本地查看 Java API 文档了！

解压之后，进入 docs 文件夹→api 文件夹→index.html 如图 2-5 所示。

index-files	2011/11/30 13:48	文件夹	
java	2011/11/30 13:41	文件夹	
javax	2011/11/30 13:45	文件夹	
org	2011/11/30 13:46	文件夹	
resources	2011/11/30 13:46	文件夹	
allclasses-frame.html	2011/11/30 13:48	Firefox HTML D...	492 KB
allclasses-noframe.html	2011/11/30 13:48	Firefox HTML D...	418 KB
constant-values.html	2011/11/30 13:46	Firefox HTML D...	1,239 KB
deprecated-list.html	2011/11/30 13:46	Firefox HTML D...	164 KB
help-doc.html	2011/11/30 13:48	Firefox HTML D...	11 KB
index.html	2011/11/30 13:48	Firefox HTML D...	2 KB
overview-frame.html	2011/11/30 13:46	Firefox HTML D...	28 KB
overview-summary.html	2011/11/30 13:48	Firefox HTML D...	60 KB
overview-tree.html	2011/11/30 13:48	Firefox HTML D...	1,089 KB
package-list	2011/11/30 13:46	文件	5 KB
serialized-form.html	2011/11/30 13:46	Firefox HTML D...	1,465 KB
stylesheet.css	2011/11/30 13:48	层叠样式表文档	2 KB

双击index.html
就可以看到你想看到的内容
了！

图 2-5 API 下载文件夹

2.5 实例 4：运算符及表达式应用

2.5.1 运算符及表达式的实例

【任务 2-4】掌握 Java 中的运算符和表达式的使用方法

通过本次任务的学习，能够熟练掌握 Java 中的运算符和表达式的基本知识和使用方法。

【实例 2-3】打印水仙花数。所谓"水仙花数"是指一个三位数，其各位数字的立方和等于该数本身。例如 153 是一个"水仙花数"，因为 153 等于 1 的立方加上 5 的立方加上 3 的立方。

案例实现步骤：

1. 使用 Eclipse，新建一个工程，并新建一个名为"WaterFlower"的类。

2. 输入代码，代码如下：

```java
public class WaterFlower {
    public static void main(String args[]){
    int i, j, k, n;
    System.out.println("waterflower number is:");
    for(n=100; n<1000; n++)
      {i=n/100;
       j=n/10%10;
       k=n%10;
       if(n==i*i*i+j*j*j+k*k*k)
```

```
        System.out.println(""+n);
    }
    System.out.println(" \ n");
    }

}
```

3. 编译并运行，运行结果如图 2-6 所示，153、370、371、407 都是水仙花数。

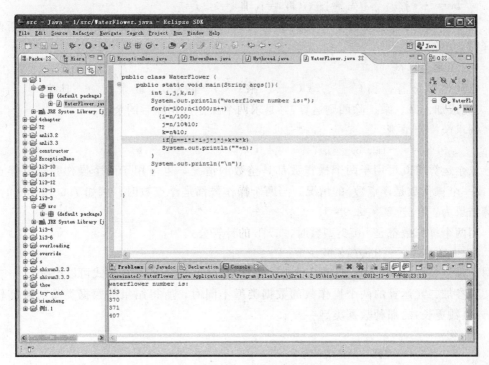

图 2-6　打印水仙花数的运行结果

2.5.2　相关知识点

Java 的运算符主要有算术运算符、关系运算符、逻辑运算符和位运算符等。

1. 算术运算符

Java 的算术运算符分为一元运算符和二元运算符。一元运算符只有一个操作数；二元运算符有两个操作数，运算符位于两个操作数之间。算术运算符的操作数必须是数值类型。

（1）一元运算符

一元运算符有：正（＋）、负（－）、加 1（＋＋）和减 1（－－）4 个。

加 1、减 1 运算符只允许用于数值类型的变量，不允许用于表达式中。加 1、减 1 运算符既可放在变量之前（如＋＋i），也可放在变量之后（如 i＋＋），两者的差别是：如果放在变量之前（如＋＋i），则变量值先加 1 或减 1，然后进行其他相应的操作（主要是赋值操作）；如果放在变量之后（如 i＋＋），则先进行其他相应的操作，然后再进行变量值加 1 或减 1。

例如：

int i=6，j，k，m，n;

j = +i;   //取原值，即 j=6

k = −i;   //取负值，即 k=−6

m = i++;   //先 m=i，再 i=i+1，即 m=6，i=7

m = ++i;   //先 i=i+1，再 m=i，即 i=7，m=7

n = j−−;   //先 n=j，再 j=j−1，即 n=6，j=5

n = −−j;   //先 j=j−1，再 n=j，即 j=5，n=5

在书写时还要注意的是：一元运算符与其前后的操作数之间不允许有空格，否则编译时会出错。

(2)二元运算符

二元运算符有：加（＋）、减（−）、乘（＊）、除（/）、取余（％）。其中＋、−、＊、/完成加、减、乘、除四则运算，％是求两个操作数相除后的余数。

％求余操作举例：

a％b = a −(a / b) ＊ b

取余运算符既可用于两个操作数都是整数的情况，也可用于两个操作数都是浮点数（或一个操作数是浮点数）的情况。当两个操作数都是浮点数时，例如 7.6 ％ 2.9 时，计算结果为：7.6−2 ＊ 2.9=1.8。

当两个操作数都是 int 类型数时，a％b 的计算公式为：

a ％ b = a − (int)(a / b) ＊ b

当两个操作数都是 long 类型（或其他整数类型）数时，a％b 的计算公式可以类推。

当参加二元运算的两个操作数的数据类型不同时，所得结果的数据类型与精度较高（或位数更长）的那种数据类型一致。

例如：

7 / 3   //整除，运算结果为 2

7.0 / 3   //除法，运算结果为 2.33333，即结果与精度较高的类型一致

7 ％ 3   //取余，运算结果为 1

7.0 ％ 3   //取余，运算结果为 1.0

−7 ％ 3   //取余，运算结果为−1，即运算结果的符号与左操作数相同

7 ％ −3   //取余，运算结果为 1，即运算结果的符号与左操作数相同

2. 关系运算符

关系运算符用于比较两个数值之间的大小，其运算结果为一个逻辑类型的数值。关系运算符有六个：等于（＝＝）、不等于（！＝）、大于（＞）、大于等于（＞＝）、小于（＜）、小于等于（＜＝）。

例如：

9 ＜＝ 8   //运算结果为 false

9.9 ＞＝ 8.8   //运算结果为 true

'A' ＜ 'a'   //运算结果为 true，因字符'A'的 Unicode 编码值小于字符'a'的

要说明的是，对于大于等于（或小于等于）关系运算符来说，只有大于和等于两种关系运算都不成立时其结果值才为 false，只要有一种（大于或等于）关系运算成立其结果值即为 true。例如，对于 9＜＝8，9 既不小于 8 也不等于 8，所以 9＜＝8 的运算结

果为 false。对于 9＞＝9，因为 9 等于 9，所以 9＞＝ 9 的运算结果为 true。

3. 逻辑运算符

逻辑运算符要求操作数的数据类型为逻辑型，其运算结果也是逻辑型值。逻辑运算符有：逻辑与(＆＆)、逻辑或(｜｜)、逻辑非(!)、逻辑异或(＾)、逻辑与(＆)、逻辑或(｜)。

真值表是表示逻辑运算功能的一种直观方法，其具体方法是把逻辑运算的所有可能值用表格形式全部罗列出来。Java 语言逻辑运算符的真值表如表 2-4 所示。

表 2-4　逻辑运算符的真值表

A	B	A＆＆B	A｜｜B	! A	A＾B	A＆B	A｜B
0	0	0	0	1	0	0	0
0	1	0	1	1	1	0	1
1	0	0	1	0	1	0	1
1	1	1	1	0	0	1	1

例如，有如下逻辑表达式：

(i＞＝1) ＆＆ (i＜＝100)

此时，若 i 等于 0，则系统判断出 i＞＝1 的计算结果为 false 后，系统马上得出该逻辑表达式的最终计算结果为 false，因此，系统不继续判断 i＜＝100 的值。逻辑计算功能可以提高程序的运行速度。在程序设计时使用 ＆＆ 和 ｜｜ 运算符，不使用 ＆ 和 ｜ 运算符。

用逻辑与(＆＆)、逻辑或(｜｜)和逻辑非(!)可以组合出各种可能的逻辑表达式。逻辑表达式主要用在 if、while 等语句的条件组合上。

例如：

```
int i = 1;
while(i＞＝1) ＆＆ (i＜＝100) i＋＋；        //循环过程
```

上述程序段的循环过程将 i＋＋语句循环执行 100 次。

4. 位运算符

位运算是以二进制位为单位进行的运算，其操作数和运算结果都是整型值。

位运算符共有 7 个，分别是：位与(＆)、位或(｜)、位非(～)、位异或(＾)、右移(＞＞)、左移(＜＜)、0 填充的右移(＞＞＞)。

位运算的位与(＆)、位或(｜)、位非(～)、位异或(＾)与逻辑运算的相应操作的真值表完全相同，其差别只是位运算操作的操作数和运算结果都是二进制整数，而逻辑运算相应操作的操作数和运算结果都是逻辑值。

位运算示例

运算符	名称	示例	说明
＆	位与	x＆y	把 x 和 y 按位求与
｜	位或	x｜y	把 x 和 y 按位求或
～	位非	～x	把 x 按位求非

^	位异或	x^y	把 x 和 y 按位求异或
>>	右移	x>>y	把 x 的各位右移 y 位
<<	左移	x<<y	把 x 的各位左移 y 位
>>>	右移	x>>>y	把 x 的各位右移 y 位，左边填 0

举例说明：

（1）有如下程序段：

 int x = 64；   //x 等于二进制数的 01000000

 int y = 70；   //y 等于二进制数的 01000110

 int z = x&y； //z 等于二进制数的 01000000

即运算结果为 z 等于二进制数 01000000。位或、位非、位异或的运算方法类同。

（2）右移是将一个二进制数按指定移动的位数向右移位，移掉的被丢弃，左边移进的部分或者补 0（当该数为正时），或者补 1（当该数为负时）。这是因为整数在机器内部采用补码表示法，正数的符号位为 0，负数的符号位为 1。

例如，对于如下程序段：

 int x = 70；   //x 等于二进制数的 01000110

 int y = 2；

 int z = x>>y； //z 等于二进制数的 00010001

即运算结果为 z 等于二进制数 00010001，即 z 等于十进制数 17。

对于如下程序段：

 int x = -70； //x 等于二进制数的 11000110

 int y = 2；

 int z = x>>y； //z 等于二进制数的 11101110

即运算结果为 z 等于二进制数 11101110，即 z 等于十进制数 -18。要透彻理解右移和左移操作，读者需要掌握整数机器数的补码表示法。

（3）0 填充的右移（>>>）是不论被移动数是正数还是负数，左边移进的部分一律补 0。

5. 其他运算符

（1）赋值运算符与其他运算符的简捷使用方式

赋值运算符可以与二元算术运算符、逻辑运算符和位运算符组合成简捷运算符，从而可以简化一些常用表达式的书写。

赋值运算符与其他运算符的简捷使用方式：

运算符	用法	等价于	说明
+=	s+=i	s=s+i	s，i 是数值型
-=	s-=i	s=s-i	s，i 是数值型
*=	s*=i	s=s*i	s，i 是数值型
/=	s/=i	s=s/i	s，i 是数值型
%=	s%=i	s=s%i	s，i 是数值型
&=	a&=b	a=a&b	a，b 是逻辑型或整型
|=	a|=b	a=a|b	a，b 是逻辑型或整型

^=	A^=b	a=a^b	a，b 是逻辑型或整型
≪=	s≪=i	s=s≪i	s，i 是整型
≫=	s≫=i	s=s≫i	s，i 是整型
≫≫=	s≫≫=i	s=s≫≫i	s，i 是整型

（2）方括号[]和圆括号()运算符

方括号[]是数组运算符，方括号[]中的数值是数组的下标，整个表达式就代表数组中该下标所在位置的元素值。

圆括号()运算符用于改变表达式中运算符的优先级。

（3）字符串加(＋)运算符

当操作数是字符串时，加(＋)运算符用来合并两个字符串；当加(＋)运算符的一边是字符串，另一边是数值时，机器将自动将数值转换为字符串，这种情况在输出语句中很常见。如对于如下程序段：

```
int max = 100;
System. out. println("max = "+max);
```

计算机屏幕的输出结果为：max = 100，即此时是把变量 max 中的整数值 100 转换成字符串 100 输出的。

（4）条件运算符(?:)

条件运算符(?:)的语法形式为：

＜表达式 1＞ ? ＜表达式 2＞ : ＜表达式 3＞

条件运算符的运算方法是：先计算＜表达式 1＞的值，当＜表达式 1＞的值为 true 时，则将＜表达式 2＞的值作为整个表达式的值；当＜表达式 1＞的值为 false 时，则将＜表达式 3＞的值作为整个表达式的值。如：

```
int a=1, b=2, max;
max = a>b? a：b;      //max 等于 2
```

（5）强制类型转换符

强制类型转换符能将一个表达式的类型强制转换为某一指定数据类型，其语法形式为：

（＜类型＞)＜表达式＞

（6）对象运算符 instanceof

对象运算符 instanceof 用来测试一个指定对象是否是指定类(或它的子类)的实例，若是则返回 true，否则返回 false。

（7）点运算符

点运算符"."的功能有两个：一是引用类中成员；二是指示包的层次等级。

6. 运算符的优先级问题

当表达式中有多个运算符时，要按照运算符的优先级顺序从高到低进行，同级的运算符则按照从左到右的方向进行，表 2-5 为各种运算符的优先级和结合性。其中 1 表示优先级最高。

表 2-5　运算符的优先级和结合性

优先级	运算符	结合性
1	. [] ()	
2	++ −− += ! ～ +（一元）−（一元）instanceof	从左至右
3	new （type）	
4	* / %	从右至左
5	+（二元） −（二元）	从右至左
6	≪ ≫ ≫≫	从右至左
7	< > <= >=	从右至左
8	== !=	从右至左
9	&	从右至左
10	ˆ	从右至左
11	|	从右至左
12	&&	从右至左
13	||	从右至左
14	?:	从左至右
15	= *= /= %= += −= <<= >>= >>>= &= ˆ= |=	从左至右

▶ 2.6　综合案例

【任务 2-5】综合运用 Java 中的数据类型与表达式的基本知识编写闰年程序

通过本次任务的学习，能够熟练掌握 Java 中的常量变量、数据类型和表达式的基本知识和使用方法。

【案例分析】利用关系和逻辑表达式，分析闰年的计算方法。

能被 4 整除却不能被 100 整除 或 能被 400 整除的年份是闰年。

其实就是说：

1. 不是以 0 结尾的年份能被 4 整除但不能被 100 整除的年份是闰年。

2. 以 0 结尾的年份若能被 400 整除就是闰年。

程序代码参考如下：

```java
public class RunNian {
public static void isRunNian(int year){
    if(year%4==0&&year%100!=0){
    System.out.println(year+"年是润年");
    }
    else if(year%400==0){
```

```
    System. out. println(year+"年是润年");
    }
    else{
    System. out. println(year+"年不是润年");
    }
}
public static void main(String[] args) {
    //test
    isRunNian(2000);
    isRunNian(2008);
    isRunNian(1900);
    isRunNian(2009);
    }
}
```

运行结果如图 2-7 所示。

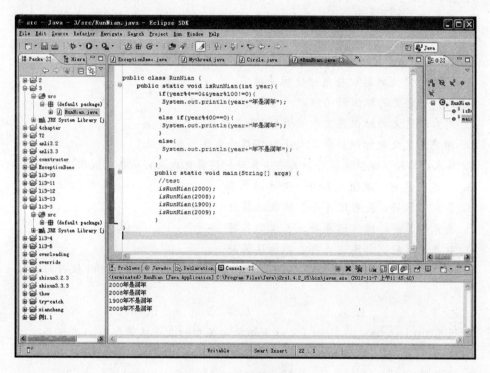

图 2-7　判断闰年

▶2.7　小结

本章主要介绍了 Java 语言的标识符、常量和变量、基本数据类型、运算符和表达式，以及用这些基本知识解决比较简单的问题。

习题二

一、选择题

1. 下列运算符合法的是（　　）。

A. & &　　　　　　　B. <>　　　　　　　C. if　　　　　D. ：=

2. Java 语言的标识符错误的是（　　）。

A. 必须由一个字母、下画线（_）或者美元符（＄）开始，随后可附加多个数字或者字母

B. 除了开始的第一个字符之外，后面可以跟字母、下画线、美元符和数字

C. 标识符可以不区分大小写

D. 没有最大长度限制

3. 设 a＝12，则表达式 a＋＝a－＝a＊＝a 的值为（　　）。

A. 12　　　　　　B. 144　　　　　　C. 0　　　　　D. 132

4. 若定义 x 和 y 都是 double 型，则表达式 x＝1，y＝x＋3/2 的值是（　　）。

A. 1　　　　　　B. 2　　　　　　C. 2.0　　　　　D. 2.5

5. 下列说法中有错误的是（　　）。

A. 用户所定义的标识符允许使用关键字

B. 用户所定义的标识符必须以字母或下划线开头

C. 用户所定义的标识符应尽量做到"见名知意"

D. 用户所定义的标识符中，大小写字母代表不同的标识

6. 算术运算符、赋值运算符和关系运算符的运算优先级按从高到低依次是（　　）。

A. 算术运算符、赋值运算符、关系运算符

B. 算术运算符、关系运算符、赋值运算符

C. 关系运算符、赋值运算符、算术运算符

D. 关系运算符、算术运算符、赋值运算符

7. 设整型变量 i，j 值均为 4，则下列语句 j＝i＋＋，j＋＋，＋＋i 执行后，i，j 的值分别是（　　）。

A. 3，3　　　　　B. 6，5　　　　　C. 4，5　　　　D. 6，6

8. 设有 int i；char c；float f；以下结果为整型的表达式是（　　）。

A. i＋f　　　　　B. i＊c　　　　　C. c＋f　　　　D. i＋c＋f

9. 设 int n；float f＝13.8；执行 n＝((int)f)％3 后，n 的值是（　　）。

A. 1　　　　　　B. 4　　　　　　C. 4.333333　　　D. 4.6

10. 设 a＝1，b＝2，c＝3，d＝4，则执行表达式：a＜b? a：c＜d? a：d 后，结果是（　　）。

A. 4　　　　　　B. 3　　　　　　C. 2　　　　　D. 1

二、填空题

1. Java 语言中，用关键字_____定义基本整型变量，用关键字_____定义单精度实型变量，用关键字_____定义字符型变量。

2. Java 语言中字符变量在内存中占＿＿＿＿字节。

3. 运算符％，｜｜，＜＜，＜＝，＊＝中，优先级最高的是＿＿＿＿，最低是＿＿＿＿。

4. 表达式 a＝5＊3，a＊9 的值是＿＿＿＿，表达式 5.8－5/2＋2.2＋9％5 的值是＿＿＿＿。

5. 设 x＝5.6，y＝4.6，b＝12；则表达式 x＋b％4＊(int)(x＋y)％3/5 的值为＿＿＿＿。

三、实训内容

定义一个双精度类型的变量，分别将其转换为整型、长整型、单精度型输出。

第 3 章　结构化编程

本章将介绍顺序、循环、分支结构。能够使用这些结构编写 Java 小程序，通过这些内容的学习，可以对程序编写以及算法有一定的了解。

本章要点

● 顺序结构。

● 选择结构。

● 循环结构。

Java 的程序流是由若干条语句组成的。每一条语句都是以";"结束的。语句可以是单一的一条语句，也可以是用花括号"{}"括起来的语句块。Java 编程同样要根据算法来编写代码。和 C 语言一样，Java 的流程控制结构也有三种，分别是顺序结构、选择结构和循环结构。

▶ 3.1　实例 5：分支结构语句

3.1.1　分支结构实例

【任务 3-1】分支结构

通过本次任务的学习能够熟练掌握两种分支结构，运用 if 语句或者 switch 语句来进行编程。

【案例要求】

分别使用 if 语句和 switch 语句输出学生成绩的等级。成绩 90～100 分的为优秀，80～90 分的为良好，70～80 分的为中等，60～70 分的为及格，60 分以下的为不及格。

1. 使用 if-else 语句实现

代码参考如下：

```java
import javax. swing. JOptionPane;
public class Score {
    public static void main(String args[])
    { double number;  String input;
      int score;
      input=JOptionPane. showInputDialog("xueshengchengji");
      score=Integer. parseInt(input);
      System. out. println("gaixueshengchengji"+score);
      if(score>=90)
        System. out. println("youxiu");
```

```
            else if(score>=80)
        System. out. println("lianghao");
    else if(score>=70)
            System. out. println("zhongdeng");
        else if( score>=60)
            System. out. println("jige");
            else
                System. out. println("bujige");
    }
}
```

在该程序段中，首先引入 javax. swing 类中的 JOptionPane. showInputDialog 方法得到一个字符串，然后装箱成一个 String 对象，接着再调用 Integer 对象的转换类型函数，拆箱赋给一个整型变量。拆箱和装箱的概念将在后续的课程中介绍。

运行之后弹出对话框，在对话框中输入学生成绩，如 87 分，如图 3-1 所示。

图 3-1　弹出的输入学生成绩对话框

输入完成，单击【确定】按钮，运行结果如图 3-2 所示。

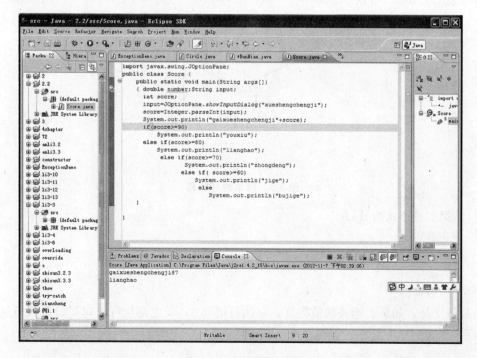

图 3-2　程序运行结果

2. 使用 switch 语句实现

程序主体部分代码为：

```
switch(score/10){
    case 10:
    case 9:System.out.println("youxiu");
            break;
    case 8:System.out.println("lianghao");
            break;
    case 7:System.out.println("zhongdeng");
            break;
    case 6:System.out.println("jige");
            break;
    default:System.out.println("bujige");
}
```

3.1.2 分支结构

分支结构也叫条件结构，它根据条件值的不同选择执行不同的语句序列，其他与条件值不匹配的语句序列则被跳过不执行。分支结构有两个语句，分别是 if 语句和 switch 语句。

1. if 语句用法

(1)第一种形式为基本形式

　　if(表达式) 语句；

其语义是：如果表达式的值为真，则执行其后的语句；反之则不执行该语句。其过程可表示为如图 3-3 所示。

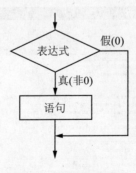

图 3-3　简单的 if 流程

(2)第二种形式为 if-else

　　if(表达式)

　　　语句 1；

　　else

　　　语句 2；

其语义是：如果表达式的值为真，则执行语句 1，反之则执行语句 2。其执行过程可表示为如图 3-4 所示。

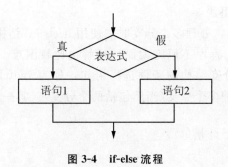

图 3-4　if-else 流程

(3) 第三种形式为 if-else 语句的嵌套形式

前两种形式的 if 语句一般都用于两个分支的情况。当有多个分支选择时，可采用 if-else 语句的嵌套，其一般形式为：

```
if(表达式 1)
    语句 1;
else   if(表达式 2)
        语句 2;
    else   if(表达式 3)
            语句 3;
            …
        else   if(表达式 m)
            语句 m;
            else 语句 n;
```

其语义是：依次判断表达式的值，当出现某个值为真时，则执行其对应的语句。然后跳到整个 if 语句之外继续执行程序。如果所有的表达式均为假，则执行语句 n。然后继续执行后续程序。语句的执行过程如图 3-5 所示。

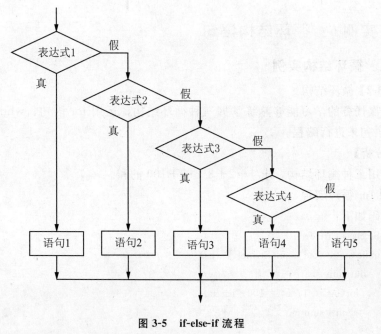

图 3-5　if-else-if 流程

2. switch-case 语句用法

if 语句处理两个分支，处理多个分支时需使用 if-else-if 结构，但如果分支较多，则嵌套的 if 语句层就越多，程序不但庞大而且理解也比较困难。因此，C 语言又提供了一个专门用于处理多个分支结构的条件选择语句，称为 switch 语句，又称开关语句。使用 switch 语句直接处理多个分支（当然包括两个分支）。其一般形式为：

```
switch(表达式)
{   case 常量表达式 1：语句 1；
       break；
  case 常量表达式 2：语句 2；
       break；
  …case 常量表达式 n：语句 n；
  break；
  default：语句 n+1；
     break；
}
```

在 switch 语句中，表达式的返回值类型可以是 int 型或者是 byte、short、char 型，不允许使用 long，float 和 double 型。

当表达式的返回值不能与任何 case 关键字后面的数值相等时，程序将执行 default 关键字后边的程序代码。如果没有 default 关键字并且与所有的 case 取值都不能匹配时，程序执行将跳出 switch 语句。

case 关键字后边必须跟随常量数值，并且每个 case 子句后的数值必须不同，否则将提示错误。

switch 语句与 if-语句的功能大体相同，但 switch 语句构成的分支选择使得程序代码更加简洁，执行效率更高。

3.2 实例 6：循环结构语句

3.2.1 循环结构实例

【任务 3-2】循环结构

通过本次任务的学习能够熟练掌握三种循环结构，运用 for 语句、while 语句或者 do…while 语句来进行编程。

【案例分析】

分别使用三种循环结构，求 1+2+3+…+100 的和。

1. 使用 for 循环实现

参考代码如下：

```
public class Circle {
  public static void main(String[] args){
      int sum=0；
       for(int i=1；i<=100；i++){
       sum=sum+i；
```

```
        }
        System.out.println("1+2+3+...+100="+sum) ;
    }
}
```

运行结果如图 3-6 所示。

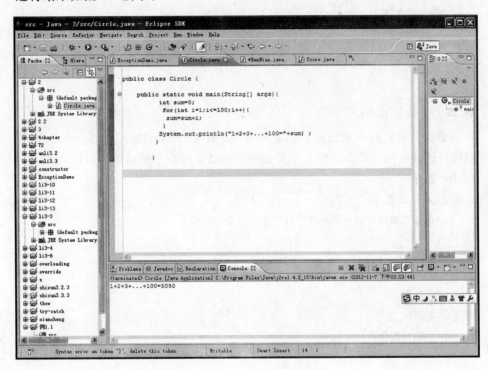

图 3-6   1 加到 100 运行结果

2. 使用 while 循环实现
参考代码如下：

```
public class Circle {
    public static void main(String[] args){
        int i=1, sum=0;
        while(i<=100){
            sum=sum+i;
            i++;
        }
        System.out.println("1+2+3+...+100="+sum) ;
    }
}
```

3. 使用 do-while 循环实现
参考代码如下：

```
public class Circle {
```

```
      public static void main(String[] args){
          int i=1, sum=0;
          do{ sum=sum+i;
            i++;
          }
      while(i<=100);
          System.out.println("1+2+3+...+100="+sum);


      }
}
```

3.2.2 循环结构

和 C 语言一样，Java 的循环结构主要有 for 循环、while 循环和 do-while 循环。不论使用哪种循环结构，都要避免发生死循环，也就是循环不能结束的情况。

1. for 循环

语法定义形式如下：

```
for(循环初始化代码；循环逻辑判断条件；迭代代码)
{
    循环体；
}
```

2. while 循环

语法定义形式如下：

```
while(循环判断条件语句 )
{
    循环体；
    [迭代代码；]
}
```

3. do-while 循环

语法定义形式如下：

```
do
{
  循环体；
  [迭代代码；]
}while(循环判断条件语句);
```

注意：while 与 do-while 的区别是 while 循环先判断条件是否成立，再进行执行；而 do-while 循环是先执行，再来判断条件是否成立。当条件不满足的时候，while 循环 1 次都不执行，而 do-while 循环只执行 1 次。

▶ 3.3 实例 7：循环控制及嵌套语句

【任务 3-3】循环结构

通过本次任务的学习能够熟练掌握循环结构嵌套，运用其来进行编程解决实际问题。

【案例实现】

使用循环的嵌套来实现打印九九乘法表。

程序代码如下：

```java
public class Circle {
    public static void main(String[] args)
    {
        for (int i = 1;    i <= 9; i++)
        {
            for(int n = 1; n <= i; n++)
            {
                System.out.print( i + " x " + n + " = " + i * n + " ");
            }
            System.out.println();
        }
    }
}
```

程序运行结果如图 3-7 所示。

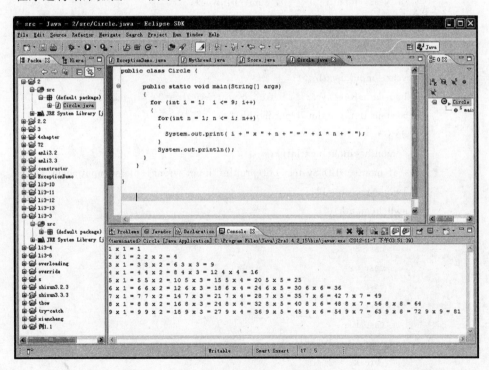

图 3-7 九九乘法表的实现

程序中用了两层循环来实现九九乘法表的打印，i 变量和 n 变量分别控制外层循环和内层循环。其中 i 变量是用来控制行的，变量 n 是用来控制列的。i＋＋和 n＋＋分别为外循环和内循环的循环控制步长。该程序为两个 for 循环的嵌套。

▶3. 4 综合案例

【任务 3-4】综合运用程序设计的基本结构编写代码

通过本次任务的学习能够熟练掌握程序设计的三种基本结构，运用其来进行编程解决实际问题。

【案例实现】

案例：输出万年历。

程序参考代码为：

```java
import java. util. * ;
public class Calendar {
  public static void main(String args[]){
    Scanner input=new Scanner(System. in);
        int day1;
        int num=0;
        int year1;
        int year, month, day=0, sum=0, week;
        System. out. println("* * * * * * * * * * * * * *欢迎使用万年历
* * * * * * * * * * * * * \n \n");
        System. out. println("input year:");
        year=input. nextInt();
        boolean isRn=(year%4==0&&year%100!=0)||year%400==0;
        System. out. println("input month:");
        do {
          month=input. nextInt();
          if(month>12) System. out. println("input wrong, please input again");
        }while(month>12);
        switch(month){
            case 1:
            case 3:
            case 5:
            case 7:
            case 8:
            case 10:
            case 12: day1=31;
             break;
            case2:
              if(isRn==true) day1=29;
              else day1=28;
            break;
          default: day1=30;
```

```
        break；
    }
month－－；
for(year1＝1；year1＜＝year；year－－){
    boolean leapYear＝(year％4＝＝0&&year％100！＝0) | | year％400＝＝0；
for(int i＝0；i＜month；i＋＋){
    switch(i){
        case 1：
        case 3：
        case 5：
        case 7：
        case 8：
        case 10：
        case 12：day＝31；
            break；
        case 4：
        case 6：
        case 9：
        case 11：day＝30；
            break；
        case2：
                if(leapYear＝＝true)    day＝29；
                else day＝28；
            break；
        default：day＝0；break；
            }
    sum＝sum＋day；
    }
    month＝12；
    }
    week＝(1＋sum)％7；
    System. out. println(" \ n 星期日 \ t"＋" \ n 星期一 \ t"＋" \ n 星期二 \ t"
＋" \ n 星期三 \ t"＋" \ n 星期四 \ t"＋" \ n 星期五 \ t"＋" \ n 星期六 \ t")；
        for(int i＝0；i＜week；i＋＋){
        System. out. println(" \ t")；
        num＋＋；
        }
        for(int i＝1；i＜＝day1；i＋＋){
        num＋＋；
        System. out. println(i＋" \ t")；
        if(num％7＝＝0) System. out. println(" \ n")；
        }
    }

}
```

▶ 3.5　小结

本章主要介绍了算法的三种结构，以及选择结构和循环结构的嵌套。

习题三

使用一维数组输出 Fibonacci 数列的前十个数。Fibonacci 数列的定义为：$F_1 = F_2 = 1$，$F_n = F_{n-1} + F_{n-2}$（其中 $n >= 3$）。

第 4 章　类和对象的使用

内容提要

本章将介绍 Java 语言的面向对象概念、类和对象的使用、封装、继承、方法重载和方法覆盖以及接口的概念和使用。通过这些内容的学习可以深刻体会面向对象程序设计的精华，了解其与面向过程程序设计的不同，程序设计者可以通过面向对象的程序设计方法解决现实问题。

本章要点

- 面向对象程序设计。
- 类的定义和使用。
- 类的属性。
- 类的方法。
- 对象的创建和使用。
- 类的继承。
- 方法重载。
- 方法覆盖。
- 接口的定义和使用。

▶ 4.1　面向对象的编程思想

【任务 4-1】面向对象程序设计

通过本次任务的学习能够熟练掌握面向对象程序设计的基本概念，运用其来进行编程解决实际问题。

早期计算机中运行的程序大都是专门为特定的硬件系统而设计的，称为面向机器的程序。这类程序的运行速度和效率都很高，但可读性和移植性很差，随着软件开发的规模的扩大，这类面向机器的程序逐渐被以 C 语言为代表的面向过程的程序所取代。

面向过程的程序设计解决问题的基本思想是：以具体的解题过程为研究和实现的主题。虽然面向过程的问题求解可以精确、完备描述具体的求解过程，却不足以把一个包含了大量相互关联的过程的复杂系统表述清楚，这时面向对象的思想便应运而生。面向对象的思想是：以要解决的问题中所涉及的各种对象为主体。

面向对象程序设计（Object Oriented Programming，OOP）的基本观点：客观世界由对象组成，任何客观实体都是对象，复杂对象可以由简单对象组成。具有相同数据和操作的对象可以归纳成类，对象是类的实例。类可以派生出子类，子类除了父类的全部特性外还有自身的特性。对象之间的联系通过消息来联系，类的封装性决定了其数据只能通过消息请求调用可见方法来访问。

面向对象的思想主要有：封装、继承、多态、抽象。

封装(Encapsulation)：用抽象的数据类型将数据和基于数据的操作封装在一起，成为一个整体——类，所有程序的编写基本上都是通过创建类的对象，然后以对象为载体进行数据交流和方法执行。封装是一种数据信息隐藏技术，使用者只需要知道对象中变量和方法的功能，而不需要知道行为执行的细节，也就是说，类的使用者和设计者是分开的，此外封装使得类的可重用性大为提高。

继承(Inheritance)：继承是指一个类拥有另一个类的所有变量和方法。被继承的类叫父类，拥有父类的所有数据和操作的类叫做子类。继承使得程序结构清晰，降低了编程和维护的工作量。

多态(Polymophism)：多态是指程序的多种表现形式。多态有两种形式：重载和重写。同一个类中，同名但参数不同的多个方法叫做方法重载(overloading)；方法重写(override)有两种情形：第一种是子类具有与父类方法相同的名字、参数列表、返回值类型时，子类的方法就重写了父类的方法；第二种情形是子类对抽象父类中的抽象方法的具体定义也叫子类对父类的方法进行了重写。

抽象(Abstraction)：抽象是具体事物一般化的过程，即对具有特定属性的对象进行概括，从中归纳出这一类对象的共性，并从共同性的角度描述共有的状态和行为特征。

抽象包括数据抽象和方法抽象两个方面。数据抽象用来描述某类对象的共同状态；而方法抽象用来描述某类对象的共同行为。

▶ 4.2　实例 8：类的定义及使用

4.2.1　类的定义实例

【任务 4-2】类的使用

通过本次任务的学习能够熟练掌握面向对象程序设计中的类的基本概念，加深对面向对象程序设计的编程思想的理解。

【案例要求】

编写 Java 程序，定义一个类 student，包括域"学号、姓名、年龄"；方法"获得学号、姓名、年龄、修改年龄"。

```
public class Student {
    public int id;  //学号
    public String name;  //姓名
    public int age;  //年龄
    }

    public int getAge() {
        return age;
    }
    public void setAge(int age) {
```

```
        this. age = age;
    }
    public int getId() {
        return id;
    }
    public void setId(int id) {
        this. id = id;
    }
    public String getName() {
        return name;
    }
    public void setName(String name) {
        this. name = name;
    }
}
```

4.2.2 相关知识点

1. 类的基本概念

类是组成 Java 程序的基本要素，它封装了对象的状态和行为。创建了一个类就是创建了一种新的数据类型；实例化一个类就得到一个对象。

类有两种成分：变量和方法，称为成员变量和成员方法。类的成员变量类型可以是 Java 中的任意数据类型，类的方法用于处理该类的数据。

类的定义形式如下：

[public][abstract | final][class classname] [extends superclassname]

[implements InterfaceNameList]

{类的成员变量

　　成员方法

}

这里，classname 和 superclassname 是合法的标识符。关键词 extends 用来表明 classname 是 superclassname 派生的子类。有一个类叫做 Object，它是所有 Java 类的根。如果你想定义 Object 的直接子类，你可以省略 extends 子句，编译器会自动包含它。类名首字母要大写，而且类名应有一定的意义。

2. 类的属性和方法

一个类中通常都包含静态特征和动态特征的两种类型的元素，我们一般把具有静态特征的数据（或者叫属性）叫做成员变量，而把具有动态特征的方法（或者叫函数）叫做成员方法，在很多时候我们也把成员函数称为方法（method）。将数据与代码通过类紧密结合在一起，就形成了现在非常流行的封装的概念。例如自行车类里，静态特征可以有品牌、颜色、尺寸等。动态特征可以有自行车跑的方法。

（1）成员变量

声明成员变量的语法规则：

[public | protected | private][static][final] type variableName;

(2)成员方法

[public | protected | private][static][finalabstract][native][synchronized] reurnType methodName(paramList)[throws exceptionList]{

…}

▶ 4.3 实例 9：对象的创建和引用

4.3.1 对象创建的引用实例

【任务 4-3】对象的创建和使用

通过本次任务的学习能够熟练掌握面向对象程序设计中的对象创建和使用。

【案例要求】

编写 Java 程序，定义一个类 student，包括域"学号、姓名、年龄"；方法"获得学号、姓名、年龄、修改年龄"。

实例：编写并运行一个 Person 类，完成个人信息的输出。

参考代码如下：

```java
public class Person {
    public String name;
    public int age;
    public char sex;
    public double height;
    public double weight;
    public Person(){
        name="小明";
        age=26;
        sex='F';
        height=1.62;
        weight=55.5;
    }
    public Person(String name, int age, char sex, double height, double weight)
    {this. name=name;
      this. age=age;
      this. sex=sex;
      this. height=height;
      this. weight=weight;}
    public String getName( ){return name; }
    public void setName(String name){ this. name=name;}
    public int getAge() { return age; }
    public void setAge(int age){ this. age=age;}

    public static void main(String args[]){
```

System. *out*. println("利用第一种构造方法创建 Person 类的对象 p1");

Person p1＝new Person();

System. *out*. println("对象 p1 各属性的名称及对应值:");

System. *out*. println("姓名"+"\ t"+"年龄"+"\ t"+"性别"+"\ t"+"身高"+"\ t"+"体重"+"\ t");

System. *out*. println(p1. name+"\ t"+p1. age+"\ t"+p1. sex+"\ t"+p1. height+"\ t"+ p1. weight+"\ t");

System. *out*. println("利用第二种构造方法创建 Person 类的对象 p2");

Person p2＝new Person("刘旭颖", 20, 'F', 1.68, 51);

System. *out*. println("对象 p2 各属性的名称及对应值:");

System. *out*. println("姓名"+"\ t"+"年龄"+"\ t"+"性别"+"\ t"+"身高"+"\ t"+"体重"+"\ t");

System. *out*. println(p1. name+"\ t"+p1. age+"\ t"+p1. sex+"\ t"+p1. height+"\ t"+ p1. weight+"\ t");

p2. setName("宋佳");

System. *out*. println("p2 改变以后的 name 值:"+p2. getName());

```
          }
      }
```

编译运行程序，运行结果如图 4-1 所示：

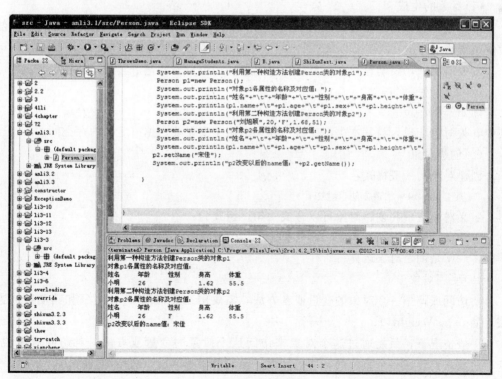

图 4-1　人员信息输出

4.3.2 相关的知识点

1. 对象

对象是面向对象的核心，也是程序的主要部分，一个程序实际上就是一组对象的总和。世界上存在着许多类型相同的对象，也存在许多类型不相同的对象。

对象具有状态和行为。

(1)对象的状态

对象的状态又称为对象的静态属性，主要指对象内部所包含的各种信息，也就是变量。每个对象个体都具有自己专有的内部变量，这些变量的值标明了对象所处的状态。当对象经过某种动作和行为而发生状态改变时，具体地就体现为它的属性变量的内容改变。通过检查对象属性变量的内容，就可以了解这个对象当前所处的状态。

(2)对象的行为

对象的行为又称为对象的操作，它主要表述对象的动态属性，操作的作用是设置或改变对象的状态。

通过类的实例化，可以生成多个对象，这些对象通过消息传递来进行交互(即激活指定的某个对象的方法以改变其状态或者让它产生一定的行为)。

一个对象的生命周期包括三个阶段：生成、使用和清除，下面分别讲述对象的生命周期。

(1)对象的生成

Java 中的多数类，都可以被实例化，并可以创建它们的对象，指定初始状态，然后使用这些对象。

多数情况下，要创建一个对象，需要先定义一个对象变量。其格式如下：

    类名　变量名；

例如：Person p；

其中 p 为对象变量，与基本类型变量一样，引用型变量要占据一定的内存空间。

(2)创建对象

创建对象的一般格式：

    变量名＝new 构造方法(参数)；

定义对象变量和创建对象可以合成一句，格式为：

    类名　变量名＝new 构造方法(参数)；

其中，new 是创建对象运算符。

(3)使用对象

要访问或调用一个对象的变量或者方法，需要用运算符"."连接对象和其变量或方法。如 p. getWeight()；

一般情况下，只能通过这个对象来访问这个对象的变量或方法。对访问者来说，这个对象是封装成一个整体的，这正体现了面向对象程序设计的"封装性"。

2. 构造方法

构造方法(Constructor Method)是一种特殊的方法，Java 中的每个类都有构造方法，它的功能是为类的实例定义初始化状态。构造方法也有名称、参数和方法体，并且与类的其他成员相同,对构造方法同样也有访问权限的限制。构造方法主要的特征是:构造方法的特征必须与类名相同;构造方法不能有返回值;用户不能直接调用构造方法,必须通过关键字 new 自动调用它。

3. this 关键字的使用

(1)this 代表当前对象

this 关键字的最常见的应用是解决局部变量与成员变量重名的问题。如:

```
public class People{
    private String name;
    private int age;
    public People(String name, int age){
        this. name=name;
        this. age=age}
}
```

其中,this. name 表示成员变量,而 name 则表示局部变量。如果不加 this,则编译不会通过。

(2)在构造方法中使用 this 调用另一个构造方法

关键字 this 的这个用法,就是要在构造方法的第一条语句使用 this 语句。

格式:this(参数表);

例如:

```
public class People{
    private String name;
    private int age;
    public People(String name, int age){
        this. name=name;
        this. age=age}
    public People(String name){
        this(name, 20);
        ...
    }
}
```

▶ 4.4 实例 10:类的继承

【任务 4-4】类的继承

通过本次任务的学习能够熟练掌握面向对象程序设计中父类和子类的相关知识,以及 super 关键字的使用。

类的继承是面向对象程序设计的一个重要特点,通过继承可以更有效的组织程序结构,明确类与类之间的关系,并充分利用已有的类来完成更复杂、深入的开发。

可以首先定义一个具有广泛意义的类,然后从它进行派生,生成一些具有特定特征的类。被继承的类是父类,继承得到的类称为子类。子类继承父类的变量和方法(但子类不能继承父类的私有变量和私有方法），同时也可以修改父类的变量和重写父类的方法，并添加新的变量和方法。也就是说，子类继承了父类的状态和行为，并增加了它自己的特定属性。在 Java 中，一个类只能有一个父类，不支持多继承。

在类的继承中，extends 关键字表示继承，其格式如下：

［修饰符］class 子类名 extends 父类名{

    …

}

例如有如下程序：

```
class Test{
    private int a;
    int i, j;
    int getA(){return a;}
    void setA(int a){this. a＝a;}
    void setIJ(int i, int j){this. i＝i; this. j＝j;}
}
    class SubTest extends Test{
        int k;
        void setK(int k){this. k＝k;}
        int sum(){return i＋j＋k;}
    }
public class TestExtends {
    public TestExtends(){}
    public static void main(String args[])
    {Test super0＝new Test();
    SubTest sub0＝new SubTest();
    super0. setA(5);
    super0. setIJ(10, 20);
    System. out. println("super. a＝"＋super0. getA());
    System. out. println("super. i＝"＋super0. i);
    System. out. println("super. j＝"＋super0. j);
    sub0. setK(8);
    sub0. setIJ(6, 9);
    System. out. println("sub. i＝"＋sub0. i);
    System. out. println("sub. j＝"＋sub0. j);
    System. out. println("sub. k＝"＋sub0. k);
    System. out. println("sub. i＋j＋k＝"＋sub0. sum());
    }
}
```

程序运行结果如图 4-2 所示。

图 4-2 类的继承

程序中通过使用 super 关键字来实现对父类中方法的重写。

▶ 4.5 实例 11：重载

【任务 4-5】方法重载的实现

通过本次任务的学习能够熟练掌握面向对象程序设计中方法重载的相关知识。

方法重载是指多个方法可以享有相同的名字，但是参数的数量、参数的类型或者参数的顺序不能完全相同。调用方法时，编译器会根据参数的个数、类型和顺序决定当前所使用的方法。

方法重载为程序的编写带来方便，是 OOP 面向对象程序设计多态性的具体表现，在 Java 类库中，对许多重要的方法进行了重载。

有代码如下：

```
public class MethodOverloading {
long cube(long l){return l * l * l; }
double cube(double d){return d * d * d;}
public static void main(String args[]){
    MethodOverloading ob1＝new MethodOverloading();
    System.out. println("the cube of 10 is"＋ob1. cube(10));
    System.out. println("the cube of 0. 5 is"＋ob1. cube(0.5));
    }
    }
```

实例中，计算长整型参数 l 的立方，又通过方法重写计算了双精度参数 d 的立方。

Java 程序设计

需要注意的是：

(1)参数类型是关键，仅仅参数的变量名不同是不行的。

(2)如果两个方法的声明中，参数的类型和个数均相同，只是返回类型不同，则在编译时会产生错误，即返回类型不同不能用来区分重载的方法。

(3)在调用构造方法时，若没有找到类型相匹配的方法，编译器会找到可以兼容的类型来进行调用。如 int 类型可以找到使用 double 类型参数的方法，若不能找到兼容的方法，则编译不能通过。

程序运行结果如图 4-3 所示。

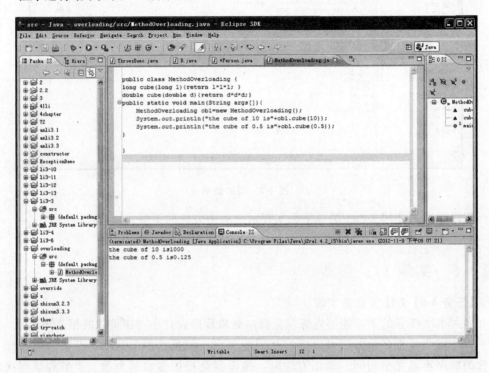

图 4-3　方法重载

▶ 4.6　实例 12：覆盖

【任务 4-6】 方法覆盖的实现

通过本次任务的学习能够熟练掌握面向对象程序设计中方法覆盖的相关知识。

在类的层次结构中，当子类的成员变量与父类的成员变量同名时，子类的成员变量会隐藏父类的成员变量；当子类的方法与父类的方法具有相同的名字、参数列表、返回值类型时，子类的方法就叫重写(override)了父类的方法。当重写的方法在被子类的对象调用时，它总是参考在子类中定义的内容，在父类中定义的方法就被隐藏。

例如，程序代码如下：

```
class A{
    int i, j;
```

```
        void setIJ(int i，int j){this. i＝i；this. j＝j；}
        int multiply(){return i＊j;}
    }
    class B extends A{
        int i，k;
        B(int i，int k){this. i＝i；this. k＝k;}
        int multiply(){return i＊j＊k;}
    }
    public class TestMethodOverride {
        public static void main(String args[]){
            B sub0＝new B(3，5);
            sub0. setIJ(7，8);
            int m＝sub0. multiply();
            System. out. println("m＝"＋m);
        }

    }
```

程序运行结果如图 4-4 所示。

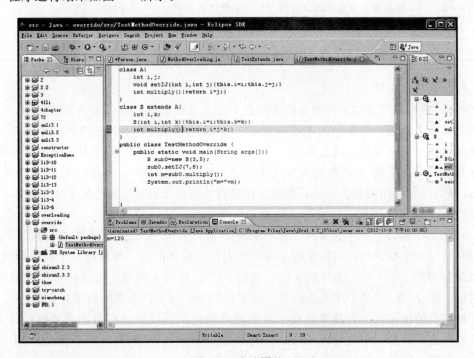

图 4-4　方法覆盖

▶ 4.7　实例 13：访问控制符和非访问控制符

【任务 4-7】访问控制符和非访问控制符的使用
通过本次任务的学习能够熟练掌握访问控制符和非访问控制符的相关知识。

1. 访问控制符

Java 中的类或者类的成员如何被访问，由在声明类或者类的成员变量时给定的访问权限修饰符来确定。访问控制符的作用范围如表 4-1 所示。

表 4-1　访问控制符的作用范围

访问控制符	同一个类中	同一个包中	不同包中的子类	不同包中的非子类
public	Yes	Yes	Yes	Yes
private	Yes			
friendly	Yes	Yes		
protected	Yes	Yes	Yes	

2. 非访问控制符

Java 中定义的非访问控制符主要有 static、final、abstract 等，可以对类、成员进行修饰。其用法如表 4-2 所示。

表 4-2　非访问控制符的作用范围

非访问控制符	基本含义	修饰类	修饰成员	修饰局部变量
static	静态的、非实例的、类的	只能修饰内部类	Yes	
final	最终的、不可改变的	Yes	Yes	Yes
abstract	抽象的、不可实例化的	Yes	Yes	

(1)static 关键字

static 修饰的变量叫做类变量或者静态变量，类变量可以通过类名直接访问，也可以通过对象来调用。类变量的本质特征是：它是类的变量，不属于任何一个类的具体对象的实例。它保存在类的公共内存单元中。也就是说，不论类有多少个对象，类的变量只有一个。任何一个类的对象去修改它，都是在同一个内存单元中进行操作。static 修饰的方法叫做静态方法，静态方法是属于整个类的，不属于某个实例对象。

(2)abstract 关键字

abstract 修饰的类叫做抽象类。抽象类的特点就是该类没有具体的对象。例如，"人类"就是一个抽象类，人类指的是各个国家各个民族的人，而没有一个具体的对象，人类又分为若干个子类，如中国人类、美国人类、韩国人类等。而这些子类才有具体的对象，如："张三"是中国人类的具体对象，"Tom"是美国人类的具体对象。

抽象类的作用在于它抽象地概括了某类事物的共同特征。在描述子类时，只需要简单地描述子类的特殊之处，不必再重复抽象类的共同特点。所以使用抽象类来写代码可以利用它所具有的公共属性提高开发程序的效率。

抽象类不能定义对象，但程序类可以有构造方法，它可以被其他子类所调用。抽象类不能被实例化，必须创建抽象类的子类，然后再创建子类的对象。如果子类仍然是抽象类，则还是不能生成它的实例。换句话说，抽象类必须被继承，由子类去实现抽象类的抽象方法。即便抽象类中没有抽象方法，也需要被继承后才能创建其子类的实例。

抽象方法是使用 abstract 修饰的方法，它是一种只有方法头而没有方法体的特殊的方法。该方法不能实现任何操作，只能作为所有子类中重载该方法的一个统一接口。

其定义格式如下：

Abstract ＜返回类型＞ ＜方法名＞（[＜参数表＞]）；

在定义中，使用了一个分号（;）来代替了方法体。

如果一个类中有一个或者多个抽象方法，那么该类也必须声明为 abstract。抽象类中不一定包含抽象方法，但包含了抽象方法的类一定要声明为抽象类。使用抽象方法的好处在于抽象方法可以在不同类中重载，可以隐藏具体的细节，在程序中只给出抽象方法名，而不必知道具体调用哪个方法。抽象方法提供了一个共同的接口，该抽象类的所有子类都可以使用该接口来实现该功能。

实例：抽象类和抽象方法

```java
public class AbstractTest {
    public static void main(String args[]){
        B b=new C();
        b. method1();
        b. outB();
    }
}
abstract class B{
    void outB(){System. out. println("in class B");}
    abstract void method1();
}
class C extends B{
    void method1(){System. out. println("in class C");}
}
```

程序运行结果如图 4-5 所示。

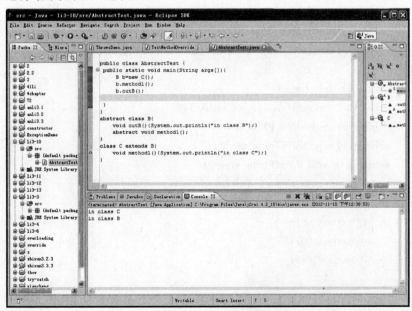

图 4-5　抽象类与抽象方法实例

（3）final 关键字

final 关键字可以用来定义常量。通常用 static 和 final 一起使用来定义常量，如：

static final double PI＝3.14；定义了一个常量 PI。

用 final 来修饰的方法为最终方法，由 final 修饰的类为最终类，不能再被子类继承。

尽管 Java 中的方法重载是非常有用的，但是有的时候要避免这种情况发生。例如 String 类，它对编译器和解释器的正常运行都有很重要的作用，不能去轻易改变它，所以把它修饰为 final 类。

abstract 和 final 修饰符不能同时修饰一个类。因为 abstract 类需要派生非抽象的子类来创建子类的对象；而 final 类不能有子类，所以它们无法同时使用。

▶ 4.8 实例 14：接口

4.8.1 接口实例

【任务 4-8】接口的实现

通过本次任务的学习能够熟练掌握面向对象程序设计中接口引入的目的以及实现方法。

【案例实现】

程序代码如下：

```
interface A{public void methodA();}
interface B{public void methodB();}
abstract class C{abstract public void methodC();}
class D extends C implements A，B{
    public void methodA(){System.out.println("in methodA");}
    public void methodB(){System.out.println("in methodB");}
    public void methodC(){System.out.println("in methodC");}
}
public class TestIniterface {
    public void method1(A a){a.methodA();}
    public void method2(B b){b.methodB();}
    public void method3(C c){c.methodC();}
    public static void main(String args[]){
        TestIniterface ti＝new TestIniterface();
        D d＝new D();
        ti.method1(d);
        ti.method2(d);
        ti.method3(d);
    }
}
```

程序运行结果如图 4-6 所示。

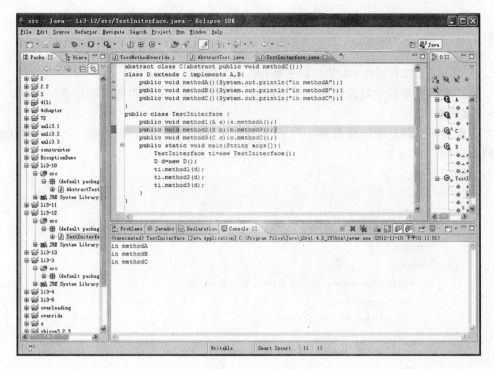

图 4-6　接口实例

4.8.2　相关知识点

1. 接口的概念

Java 语言仅支持继承中的单重继承，不支持多重继承。但这种结构难以处理某种复杂的问题。为了实现类似于多重继承的网状结构，引入了接口的概念。所谓接口是一种特殊的类，它定义了若干常量和抽象方法，形成了一个属性集合。

2. 接口的声明

接口的语法如下：

　　［public］interface ＜接口名＞［extends＜父类接口名表＞］{

　　　　//常量声明

　　　　［public］［static］［final］＜类型＞＜常量名＞＝＜常量值＞；

　　　　//抽象方法声明格式

　　　　［public］［static］［native］＜返回类型＞＜方法名＞(＜参数表＞)［throws＜异常列表＞］；

　　　　}

其中，interface 是定义接口的关键字，一个类可以实现若干个接口，＜父类接口名表＞中可以有一个或者多个父接口名，多个接口名之间用逗号分开。因为接口是一个特殊的类，利用接口可以实现多重继承。

3. 接口的实现

一个类要实现某个或者多个接口，声明的格式如下：

　　class＜＞implements＜接口 1＞［＜，接口 2＞…＜，接口 n＞］

4.9　综合案例

【任务 4-9】综合运用 OOP 知识来编程

通过本次任务的学习能够熟练掌握面向对象程序设计的基本知识解决实际问题。

【案例要求】

实现对学生信息的综合管理，即使对不同类型的学生，在发出同一个命令时执行不同的操作。

代码如下：

```java
class Student{
    String name;
    String studentId;
    String major;
    Student(){}
    Student(String name, String studentId, String major){
        this.name=name;
        this.studentId=studentId;
        this.major=major;
    }
    void print(){
        System.out.println("student
name:"+name+"\n"+"student No.:"+studentId+"\n"+"major field:"+major);
    }
}
class GraduateStudent extends Student{
    String degree;
    GraduateStudent(String name, String studentId, String
major, String degree){
    super(name, studentId, major);
    this.degree=degree;
    }
    void print(){
        super.print();
        System.out.println("degree:"+degree+"\n"+"this is a
graduate student.\n");
    }
}
class UnderGraduateStudent extends Student{
    String highSchool;
    UnderGraduateStudent(String name, String
studentId, String major, String highSchool){
    super(name, studentId, major);
    this.highSchool=highSchool;
    }
```

```
    void print(){
        super. print();
        System. out. println("high school
attended:"+highSchool+" \ n"+"this is an undergruaduate
student. \ n");
    }
}
public class ManageStudents {
    public ManageStudents(){}
    public static void main(String args[]){
        Student studentBody[]=new Student[4];
        GraduateStudent g1=new GraduateStudent("李明
","2002001","计算机","工程硕士");
        GraduateStudent g2=new GraduateStudent("王一平"
,"20032001","经济管理","经济学硕士");
        UnderGraduateStudent u1=new UnderGraduateStudent("张
宇","200730201","计算机","山东大学");
        UnderGraduateStudent u2=new UnderGraduateStudent("高
坤","200840201","古汉语","北京大学");
        studentBody[0]=g1;
        studentBody[1]=u1;
        studentBody[2]=u2;
        studentBody[3]=g2;
        for(int
i=0; i<studentBody. length; i++){studentBody[i]. print();}
    }
}
```

程序运行结果如图 4-7 所示。

图 4-7　不同类型学生的统一管理

▶ 4.10 小结

本章主要讲述了面向对象程序设计的基本思想，类和对象的概念，类的继承、方法重载和方法覆盖，以及接口的概念。

习题四

1. 举例说明 Java 的多态性。
2. 简要说明方法重载和方法覆盖。
3. 简述接口的概念，以及引入接口的原因。

第5章　Java 中常见类的属性及使用

内容提要

在 Java 中包含大量用于不同目的的类库，这些类库是我们开发 Java 软件的基础，即使要设计自己的类，也需要用到大量的 Java 提供的类库。本章我们将学习在 Java 中常见的类及属性和使用方法。

本章要点

● System 类及属性。

● String 类及属性。

● StringBuffer 类及属性。

● Math 类及属性。

● Date 类。

● GregorianCalendar 类。

5.1　System 类

【任务 5-1】System 类的功能

System 类是一个特殊类，它是一个公共最终类，不能被继承，也不能被实例化，即不能创建 System 类的对象。

System 类功能强大，与 Runtime 一起可以访问许多有用的系统功能。System 类是保存静态方法和变量的集合。标准的输入、输出和 Java 运行时的错误输出存储在变量 in、out 和 err 中。由 System 类定义的方法丰富并且实用。System 类中所有的变量和方法都是静态的，使用时以 System 作为前缀，即形如"System. 变量名"和"System. 方法名"。

【任务 5-1-1】System 类的成员变量

System 类内部包含 in、out 和 err 三个成员变量，分别代表标准输入流（键盘输入）、标准输出流（显示器）和标准错误输出流（显示器）。

例如：

```
System. out. println("Test");
```

该行代码的作用是将字符串"Test"输出到系统的标准输出设备上，也就是显示在屏幕上。

后续在学习完 I/O 相关的知识以后，可以使用 System 类中的成员方法改变标准输入流等对应的设备，例如可以将标准输出流输出的信息输出到文件内部，从而形成日志文件等。

【任务 5-1-2】System 类的成员方法

System 类中提供了一些系统级的操作方法，这些方法实现的功能分别如下：

a. arraycopy 方法

```
public static void arraycopy(Object src, int srcPos, Object dest, int destPos, int length)
```

该方法的作用是数组拷贝，也就是将一个数组中的内容复制到另外一个数组中的指定位置，由于该方法是 native 方法，所以性能上比使用循环高效。

使用示例：

```
int[] a = {1, 2, 3, 4};
int[] b = new int[5];
System. arraycopy(a, 1, b, 3, 2);
```

该代码的作用是将数组 a 中，从下标为 1 开始，复制到数组 b 从下标 3 开始的位置，共复制 2 个。也就是将 a[1] 复制给 b[3]，将 a[2] 复制给 b[4]，这样经过复制以后数组 a 中的值不发生变化，而数组 b 中的值将变成{0, 0, 0，2，3}。

b. currentTimeMillis 方法

```
public static long currentTimeMillis()
```

该方法的作用是返回当前的计算机时间，时间的表达格式为当前计算机时间和 GMT 时间(格林威治时间)1970 年 1 月 1 日 0 时 0 分 0 秒所差的毫秒数。例如：

```
long l = System. currentTimeMillis();
```

则获得的将是一个长整型的数字，该数字就是以差值表达的当前时间。

使用该方法获得的时间不够直观，却很方便时间的计算。例如，计算程序运行需要的时间则可以使用如下的代码：

```
long start = System. currentTimeMillis();
for(int i = 0; i < 100000000; i++){
        int a = 0;
}
long end = System. currentTimeMillis();
long  time = end-start;
```

则这里变量 time 的值就代表该代码中间的 for 循环执行需要的毫秒数，使用这种方式可以测试不同算法的程序执行效率的高低，也可以用于后期线程控制时的精确延时实现。

c. exit 方法

```
public static void exit(int status)
```

该方法的作用是退出程序。其中 status 的值为 0 代表正常退出，非零代表异常退出。使用该方法可以在图形界面编程中实现程序的退出功能等。

d. gc 方法

```
public static void gc()
```

该方法的作用是请求系统进行垃圾回收。至于系统是否立刻回收，则取决于系统中垃圾回收算法的实现以及系统执行时的情况。

e. getProperty 方法

```
public static String getProperty(String key)
```

该方法的作用是获得系统中属性名为 key 的属性对应的值。系统中常见的属性名以及属性的作用如表 5-1 所示。

表 5-1　属性名列表

属性名	属性说明
java. version	Java 运行时环境版本
java. home	Java 安装目录
os. name	操作系统的名称
os. version	操作系统的版本
user. name	用户的账户名称
user. home	用户的主目录
user. dir	用户的当前工作目录

例如：

```
String osName = System. getProperty("os. name");
String user = System. getProperty("user. name");
System. out. println("当前操作系统是:" + osName);
System. out. println("当前用户是:" + user);
```

使用该方法可以获得很多系统级的参数及对应的值。

5. 2　String 类

【任务 5-2】System 类的使用

文本的处理在程序中是不可缺少的一部分，如何有效地在程序中进行文本的处理，对于程序的效能起到很大的影响作用。在 Java 中处理文本主要应用的类是 String 类与 StringBuffer 类。如果处理小型的文本，使用 String 类确实很方便，也足够用了，但对于大型的文本来说，如果使用 String 类却是非常消耗系统资源的，这时就可以用 StringBuffer 来实现了。

提到字符串，我们并不陌生，在前面的示例中已经多次用到，用户可以再返回去看一下，那么什么是字符串呢？字符串就是一系列字符的序列，例如"用户好"、"this is"等。在 Java 中字符串是用一对双引号("")括起来的字符序列。在其他的语言中，字符串可能是作为一个基本类型来处理的，但在 Java 中，字符串是一个对象，在 Java 公开库中有一个专门用来处理字符串的类，叫做 String 类。

【任务 5-2-1】System 类的分析

打开 String 类的 API，在关于类的说明部分我们就看到第一句话：

public final class String

在前面我们对关键字 final 已经做过了说明，它是将一个部件声明为不变的。在这里是将 String 类声明为不变的。也就是说，String 对象是常量字符串，一旦被初始化或赋值，它的值和所分配的内存内容就不可再改变。如果硬要改变它的值，它会产生一个新值的字符串。例如：

```
String str1 = "Java";
str1 = str1 + "good";
```

看起来像是一个简单的字符串重新赋值，实际上在程序解释的过程中却不是这样的。

程序会首先产生 str1 的一个字符串对象在内存中申请一段空间，由于发现又需要重新赋值，在原来的空间已经不可能再追加新的内容，系统不得不将这个对象放弃，再重新生成第二个新的对象 str1 并重新申请一个新的内存空间。虽然句柄是同一个，但对象已经不再是同一个了。

【任务 5-2-2】 字符串的声明及实例化

如果想声明一个字符串，是一件很简单的事情，只要声明类型再加上一个变量名（对象句柄）就可以了，如：

```
String str
```

若想得到字符串的实例，有很多途径。查看在 String 类 API 中，包括 9 个可用的 String 构造器，这种现象称为重载，也就是说字符串的实例可以通过这 9 种构造器得到。例如：

```
String str = new String("欢迎用户, good");
```

对于 String 类来讲，它还有一个更简单的方法，不需要通过构造方法而得到字符串实例，那就是通过赋值运算符（"＝"）来得到。如：

```
String str = "欢迎用户, good";
```

下面我们分别来讲述这 9 种构造方法。由于构造器的功能就是构造及初始化一个对象，读者可以自己编写一个测试程序，输出测试结果。

（1）String( )

这是字符串类的默认构造器，它将构造出一个新的字符串对象，对象是空的。例如：

```
String str = new String();
```

这与

```
String str = new String("");
```

两种形式是不同的，第二种形式构造的是一个字符串对象，它并不是空的，对象的内容是空的，这与第一种形式有着本质的区别，如果我们用输出语句输出到控制台，第一种形式输出的是 null，而第二种形式却什么都没有输出，也就是一个空的内容。这一点请读者务必注意。

（2）String(byte[] bytes)

这是根据一个字节数组生成一个字符串对象。由于字节型整数代表不同字符集中特定的编码，所以在不同的操作系统或不同的字符集中，输出的结果也会不同。例如：

```
byte[] b = {1, 2, 3};
String str = new String(b);
```

（3）String(byte[] bytes, int offset, int length)

这是从一个字节数组生成指定长度字符串对象的构造器。

参数：byte[] bytes，指定的字节数组。

int offset，开始转码的第一个字节。

int length，需要转码的总长度。

（4）String（byte[] bytes，int offset，int length，String charsetName）

在第二种构造器中，根据不同的字符集，字节数组转码的结果可能会不同，字符串类提供了一个指定字符集的构造器，这样，就可以避免因为字符集的不同而导致程序运行结果的不同。

参数：byte[] bytes，指定的字节数组。

　　　int offset，开始转码的第一个字节。

　　　int length，需要转码的总长度。

　　　String charsetName，指定的字符集名字。

（5）String（byte[] bytes，String charsetName）

将字节数组按照指定的字符集进行转码。

（6）String（char[] value）

将字符数组按照数组序列连接构建字符串对象。这个构造器理解起来应该很简单，就是将字符数组中的每一个字符，按照数组序列连接在一起，生成一个新的字符串。例如：

```
char[] c = {'a','b','c','d','e'};
String str = new String(c);
```

（7）String（char[] value，int offset，int count）

将指定字符数组中的字符，指定序列开始及指定个数的字符转变为字符串对象。例如：

```
char[] c = {'a','b','c','d','e'};
String str = new String(c, 2, 3);
```

参数：char[] value，指定的字符数组。

　int offset，开始的第一个字符。

　int count，转换的字符数。

（8）String（String original）

将一个已经存在的字符串对象重新构建，生成一个新的字符串，也就是说生成一个原字符串的拷贝。例如：

```
String str1 = new String("hello");
String str2 = new String(str1);
```

请读者考虑上面的这种形式与下面的这种形式有什么区别：

```
String str1 = new String("hello");
String str2 = str1;
```

我们在此稍做提示：对象的赋值按照以前的讲述是传递的对象句柄，也就是按址传递的，但对于 String 类来讲，它是 final 型的，更改 String 类对象的内容，等同于重新生成一个新的对象，所以每一个 String 类的对象句柄都是指向唯一的一个对象实例。这与平常所说的对象句柄的传递是不同的。所以在上面的第二种形式中，修改 str2 并不会引起 str1 的改变。

(9)String(StringBuffer buffer)

根据一个 StringBuffer 对象实例，构建一个 String 类的对象。这个构造器的作用相当于：

```
StringBuffer str1 = new StringBuffer("hello");
String str2 = str1.toString();
```

【任务 5-2-3】String 类的主要方法

(1)串连接

在前面的示例中，我们经常可以看到类似于：

```
System.out.print(" " + out[i]);
```

的语句。Java 中允许使用符号"+"把两个字符串连接起来。例如：

```
String hello = "hello";
String world = "world";
String greet = hello + world;
```

输出后字符串内容变成：

```
"helloworld"
```

通过加号将两个字符串连接生成一个新的字符串。加号的连接是无缝的，也就是说新的字符串会原封不动地将原来两个字符串连接在一起，如果原来的字符串有空格，新的字符串会保留原来的空格。

在 Java 类中还有一个用于连接字符串的方法：

public String concat(String str)

这个方法是将参数 str 指定的字符串连接到当前字符串后面。如：

String str1 = "car";

str1.concat("ess");

返回新的字符串是：

```
"caress";
```

(2)提取子串

假如现在给用户一个字符串，想得到其中的一部分作为新的字符串，那如何来实现呢？这也很简单，在 Java 的字符串类中已经提供了相应的方法：substring(int beginIndex, int endIndex) 或 substring(int index)。

【案例分析】提取子串　SubStringTest.java

```
/**
 *  通过这个程序，展示字符串求取子串的方法
 */
public class SubStringTest
{
    public static void main(String[] args)
    {
        String str = "I am a programmer."; //定义字符串
        for(int i = 0; i < str.length(); i++)
        {
```

```
        System. out. println("这是第" + i + "个子串:" +
                                    str. substring(i));
        }
    }
}
```

输出结果:

这是第 0 个子串: I am a programmer.

这是第 1 个子串: am a programmer.

这是第 2 个子串: am a programmer.

这是第 3 个子串: m a programmer.

这是第 4 个子串: a programmer.

这是第 5 个子串: a programmer.

这是第 6 个子串: programmer.

这是第 7 个子串: programmer.

这是第 8 个子串: rogrammer.

这是第 9 个子串: ogrammer.

这是第 10 个子串: grammer.

这是第 11 个子串: rammer.

这是第 12 个子串: ammer.

这是第 13 个子串: mmer.

这是第 14 个子串: mer.

这是第 15 个子串: er.

这是第 16 个子串: r.

这是第 17 个子串: .

通过程序运行的结果,读者可以看到,系统会将双引号内的一切字符,包括空格与符号都作为字符串的一个字符。

substring(int index)所求取的子串是从指定的位置开始,直到字符串的最后。如果需要取字符串中间的一部分,则要用到 substring(int beginIndex,int endIndex)这个方法。

我们再把前面案例分析中的 for 循环部分改写如下:

```
for(int i = 0; i < str. length() -2; i++)
    {
        System. out. println("这是第" + i + "个子串:" + str. substring(i, i +2));
    }
```

再编译运行程序,可以得到如下的结果:

这是第 0 个子串: I

这是第 1 个子串: a

这是第 2 个子串: am

这是第 3 个子串: m

这是第 4 个子串: a

这是第 5 个子串: a

这是第 6 个子串: p

这是第 7 个子串：pr

这是第 8 个子串：ro

这是第 9 个子串：og

这是第 10 个子串：gr

这是第 11 个子串：ra

这是第 12 个子串：am

这是第 13 个子串：mm

这是第 14 个子串：me

这是第 15 个子串：er

(3)从字符串中分解字符

在上面讲类的分析时，我们可以从一个字符数组构建一个字符串对象，那么从一个字符串对象中求取指定的字符，就要用到求取字符的方法：charAt(int index)。

这个方法能且只能返回一个单一的字符，这与上面的求取子串是不一样的。其中，参数 index 是一个整数，它是指字符串序列中字符的位置。注意，这个整数是从 0 开始的。读者可以根据下面的代码自己试着写一个测试小程序。

```
String str = "welcome to java";
for(int i = 0 ; i < str. length(); i++)
{
    char c = str. charAt(i);
}
```

(4)获取字符串的长度

使用 String 类中的 length()方法可以获取一个字符串的长度，例如：

```
String s="we are friends"，tom="我们是朋友";
int n1, n2;
n1=s. length();
n2=tom. length();
```

那么 n1 的值是 14，n2 的值是 5。

字符串常量也可以使用 length()获得长度，如"洪恩软件"，length()的值是 4。

(5)测试字符串是否相等

在我们登录一个网站的时候，经常会需要注册，当再次登录时，输入用户的有关信息，通过验证就可以使用这个网站的服务了。在这个过程中，就会用到测试两个字符串是否相等的问题。当我们输入有关的登录信息时，系统会将有关的信息从数据库中取出来做一比较，如果相等，就会通过验证。

使用字符串类中的 equals(String str)会测试两个字符串是否相等，这个方法是返回一个布尔型的值，如果为 true 则说明两个字符串相等，如果为 false 说明两个字符串不等。例如：

```
String str1 = "hello";
String str2 = "hello";
boolean t = str1. equals(str2); //返回值是 true
```

返回的布尔型的值经常会用做条件判断。例如：

```
If(t = = false)
{
    System. out. println("用户输入的用户名及密码有误，请重新输入!");
}
Else
{
    ......
}
```

在 Java 中还有一种比较字符串大小的方法：equalsIgnoreCase(String another)。从这个方法的名字我们就可以看到，这是忽略字符大小写的一种比较方法。例如：

```
String str1 = "hello";
String str2 = "HeLlo";
boolean t = str1. equalsIgnoreCase(str2); //返回值是 true
```

（6）查找特定子串

在实际的应用中我们还经常需要知道，在当前的字符串中是否包含已经存在的子串，并且要知道子串在字符串的起始位置，也想知道当前的串是否以特定的字符串开头或结尾。

【案例分析】查找特定子串 FindSubstring. java

```java
/ * *
 *   查找特定的子串
 * /
public class FindSubstring
{
    public static void main(String[] args)
    {
        String str = "welcome the boy. ";
        System. out. println("Find the substring boy occurrence:" +
        str. indexOf("boy")); //查找子串
System. out. println("Find the substring by occurrence:" +
        str. indexOf("by")); //查找子串
System. out. println("Find the char t occurrence:" +
        str. indexOf('t')); //查找特定的字符
System. out. println("Test the string begin with wel. :" +
        str. startsWith("wel")); // 是否以"wel"开始
System. out. println("Test the string end with boy. :" +
        str. endsWith("boy")); // 是否以"boy"结束
    }
}
```

输出结果：

```
Find the substring boyoccurrence：12
Find the substring byoccurrence：-1
Find the char toccurrence：-1
```

Find the string beginwith wel. ：true

Find the string end with boy. ：false

通过这个程序可以看到，indexOf 方法是帮助我们查找子串"boy"的，程序告诉我们，它是从第 12 个字符开始，如果返回的是一个负数，就表示在当前字符串中没有找到所查找的子串。用 indexOf 方法也可以查找一个字符；endsWith 方法是测试当前的字符串是否以"boy"结尾的；startsWith 方法是测试当前字符串是否以"wel"开始的。

(7)大小写转换

有时可能需要进行字符串的大小写的转换，Java 类提供了关于大小写转换的两个方法：

toLowerCase()与 toUpperCase()

toLowerCase()是将当前的字符串转换成小写的，相反 toUpperCase()是将当前的字符串转换成大写的。例如：

String str = "HeLlo"；

str. toLowerCase()； //返回"hello"

str. toUpperCase()； //返回"HELLO"

(8)字符串与数值之间的转换

Java 中的数值变量与字符串变量的转换分为显式转换和隐式转换，隐式转换就是系统在认为需要进行转换的地方自动转换，如：

int i = 65；

System. out. println("value of i is：" + i)；

屏幕会输出：value of i is 65，此时系统将 int 类型的 i 隐式转换为 String 类型后再与前面的字符串相连。

很多情况下，我们需要对数值变量和字符串变量进行强制的类型转换，方法有如下几种。

① 字符串转换为数值

● 字符串转换为整数的方法是：

public static int parseInt(String s，int radix)

其中 s 是需要转换的字符串，radix 是转换后用什么进制表示，如 10 就是十进制，16 就是十六进制。

● 字符串转换为浮点数的方法是：

public static float parseFloat(String s)

其中 s 是需要转换的字符串。

② 数值转换为字符串

public static String valueOf(Object obj)

其中 obj 可以是任何类型的数值型变量。

【任务 5-2-4】toString 方法

在读者查阅相关类的文档时，几乎每一个类中都有一个 toString 方法，这个方法的作用就是将一个类的实例，按照指定的方式转变为相应的字符描述。例如：

Date date = new Date()；

date. toString()；

可以将当前的日期按照系统默认的格式转变成相应的字符描述。

但是当我们进行输出的时候，完全可以直接将对象输出到相应的输出设备，例如：

```
System. out. println(new aDate());
```

我们生成的是一个对象的实例，为什么可以直接输出到控制台呢？这是 Java 内含的一种机制，当输出一个对象时，解释器会自动调用该类的 toString 方法，按照指定的格式将对象转变成相应的描述输出到相应的位置。

所以，对于 Java 的基本类，几乎每一个类都会有一个 toString 方法，对于自己设计的类，我们强烈建议也要添加一个 toString 方法，即使程序本身并没有要求，但作为程序调试时却省去了不少的麻烦。

【案例分析】toString 的使用 ToString_Test. java

```java
import java. util. Date;
import java. awt. * ;
public class ToString_Test
{
    public static void main(String args[])
    {   Date date=new Date();
        Button button=new Button("确定");
        System. out. println(date. toString());
        System. out. println(button. toString());
    }
}
```

5.3   StringBuffer 类

【任务 5-3】StringBuffer 类的使用

string 类是一个 final 类，它一旦生成一个对象，就不可再改变。但对于 StringBuffer 类却完全不一样。

StringBuffer 类同 String 类一样位于 java. lang 基本包中，因此在使用的时候也不需要导入语句。Java 设计它用于创建和操作动态字符串。当创建一个 StringBuffer 对象时，系统为该对象分配的内存会自动扩展以容纳新增的文本。

【任务 5-3-1】创建 StringBuffer 对象

有 3 种方法创建一个新的 StringBuffer 对象。

（1）默认构造器

```java
StringBuffer sb = new StringBuffer();
```

使用默认构造器创建了一个不包含任何文本的对象。它是由系统自动分配的容量，系统默认的容量是 16 个字符。

（2）设定容量大小

```java
StringBuffer sb = new StringBuffer(40);
```

使用这种形式的构造器，可以构建指定容量的字符串对象，如上的形式构建了一个 40 个字符容量的字符串对象。

（3）初始化字符串

```
StringBuffer sb = new StringBuffer("sun. com");
```

使用这种形式的构造器，可以构建一个具有初始化文本的对象，容量的大小就是字符串的长度。

一旦创建了 StringBuffer 类的对象，就可以使用 StringBuffer 类的大量方法和属性。最常用的是 append 方法，它将文本添加到当前 StringBuffer 对象内容的结尾。例如：

```
StringBuffer sb＝new StringBuffer();
sb. append("s");
sb. append("u");
sb. append("n");
sb. append(". ");
sb. append("c");
sb. append("o");
sb. append("m");
System. out. println(sb. toString());
```

这些代码创建了 sun. com 字符串并将它送往标准输出。但需要注意的是，它只创建了一个 StringBuffer 对象 sb。如果使用 String 对象，就需要 7 个以上的对象。

注意：代码利用了 StringBuffer 类的 toString 方法，这个方法将其内容转换成一个可以被用于输出的字符串对象。它允许操作对应的文本用于输出或数据存储。

append 方法有 10 种重载形式，允许将各种类型的数据添加到对象的末尾。

【任务 5-3-2】StringBuffer 的容量

capacity 方法返回为对象分配的字符数（内存）。如果超过了构建初期的容量，StringBuffer 对象会自动扩展以符合需求。length 方法返回对象目前存储的字符数，可以通过 setLength 方法来增加其长度。另外，对象的容量可以通过 ensureCapacity 方法来扩展。它建立了对象的最小容量，因此如果超出则不会有任何问题，系统会自动扩充，以满足新增长字符串的需要。

【案例分析】StringBuffer 类的使用 StringBuffer_Test. java

```
public class StringBuffer_Test {
    public static void main(String[] args) {
        StringBuffer sb＝new StringBuffer();
        sb. ensureCapacity(40); //构建了具有 40 个字符的初始化容量
        sb. append("sun. com is awesome!");
        System. out. println(sb. toString());
        sb. setLength(7); //截取 7 个字符
        System. out. println(sb. toString());
    }
}
```

上面的代码设置了字符串的初始化容量并为其赋值。但接下来，通过 setLength 方法重新设置了字符串的长度，因此文本被截断了。

输出结果：

> sun. com is awesome!
>
> sun. com

通过输出结果我们可以看出，重新设置了字符串长度的属性，导致了字符串的截断。

【任务 5-3-3】字符串的操作

Java 还提供了更多的方法来处理存储在 StringBuffer 对象内的字符串。以下列举了几个例子：

charAt（）：返回字符串中的单个字符。

setCharAt（）：为字符串中的单个字符赋值或进行替换。

insert（）：在字符串指定位置插入值。它有多个重载版本以容纳各种数据类型。

substring（）：返回字符串的一个子串。

reverse（）：倒置 StringBuffer 的内容。

以上所有的方法对于操作字符来说都是很有用的，其实 reverse 方法最实用，它能轻松地倒置一个字符串。例如：

```
StringBuffer sb＝new StringBuffer();
sb. ensureCapacity(100);
sb. append("sun. com!");
System. out. println(sb. toString());
sb. reverse();
System. out. println(sb. toString());
```

输出结果：

> sun. com!
>
> ! moc. nus

字符串的使用贯穿于绝大多数应用程序，不管是作为用户界面的标识或在后台处理从数据库取回的值。通常，这些值并不符合要求，需要做进一步的处理。用户可以使用 String 类，但是它并不是设计成用来处理动态值的。而 StringBuffer 类正好填补了这个需求，并使得系统资源的利用更加有效。

▶ 5.4　Math 类

【任务 5-4】Math 类的使用

Math 类包含了不同分类的数学函数，它不同于一般的类。我们可以使用 Math 类的方法，而不需要知道它的内部实现，Math 类只是封装了各种功能，Math 类中全是静态方法及静态字段，可以直接使用类名、方法名调用，如：Math. sin（）；Math 类包含用于执行基本数学运算的方法，如初等指数、对数、平方根和三角函数。

【任务 5-4-1】Math 类应用

Math 类包含两个静态常量：

Math. PI

Math. E

它们分别表示了数学常数 π 和 e 的最可能接近的近似值。

Math 类还提供了常用的三角函数和反三角函数，如：

Math. sin

Math. cos

Math. asin

Math 类提供了常用的数学运算函数，如：

Math. abs

Math. sqrt

Math 类提供了四舍五入的运算与截断运算，如：

Math. round(double a)

Math. floor(double a)

下面我们用一段简单的代码测试 Math 类的常用数学函数，对于其他的函数建议读者在学习的过程中自己编写测试代码。

【案例分析】MathTest. java

```
/*
    * Math 类数学函数的运用，由于 Math 类中的方法全部是静态的，所以可以直接利用类
名调用
    */
public class MathTest
{
    public static void main(String[] args)
    {
        double x = 4.51;
        System. out. println(Math. sqrt(x));
        System. out. println(Math. round(x));
    }
}
```

输出结果：

2. 12367605815953

5

【任务 5-4-2】大数字的使用

在 Math 类中，我们主要应用的是基本整型和浮点型，它们对数据的长度都有一定的限制，在进行某些特殊的问题数字计算时，精度是不能满足要求的。这时可以利用 Java 提供的专门用于处理大数字的 BigInteger 类和 BigDecimal 类。这两个类位于 java. math 包中，用于操作具有任意长度的数字，即大数字(Big Number)。BigInteger 类实现了任意精度的整数运算，而 BigDecimal 类实现了任意精度的浮点数运算。

可以使用大数字类的静态方法 valueOf 将一个普通的数字转换成一个大数字：

BigInteger a = BigInteger. valueOf(1000)//将普通数字转换成大数字

操作普通数字我们可以用熟悉的数学运算符，比如＋和＊，但不能用这些数学运算符来操作大数字。操作大数字必须利用大数字类中的方法 add 和 multiply 来实现大数字的操作。

例如：

BigInteger a＝BigInteger. valueOf(100)；

BigInteger b＝BigInteger. valueOf(1000)；

BigInteger c＝a. add(b)；

BigInteger d＝a. multiply(b)；

下面是一些方法的例子：当然，如果要有更多的使用方法，可以查阅 Java API。

【案例分析】大数字的使用 BigIntegerTest. java

```java
public class BigIntegerTest
{
    public BigIntegerTest() {    }
    / * *
     *  * 测试 BigInteger
     *  * /
    public static void testBigInteger()
    {
        BigInteger bi = new BigInteger("888");
        //multiply：乘法
        BigInteger result = bi. multiply(new BigInteger("2"));
        System. out. println(result);
        //divide：除法
        result = bi. divide(new BigInteger("2"));
        System. out. println(result);
        //add：加法
        result = bi. add(new BigInteger("232"));
        System. out. println(result);
        //subtract：减法
        result = bi. subtract(new BigInteger("23122"));
        System. out. println(result);
        result = bi. shiftRight(2);
        System. out. println(result);
    }
    public static void main(String[] args)
    {
        testBigInteger();
    }
}
```

以上程序演示了大数字的使用方法。

▶ 5. 5　Date 类

【任务 5-5】Date 类的使用

接下来，我们学习另一个非常重要的类——Date 类。Date 类是关于日期操作的一些方法。从这个类中，我们学习对象及对象变量的构造。

要使用对象，必须要构造对象，并指定它们的初始状态，然后将方法应用于对象。在 Java 中，构造一个类的对象是通过类的构造器来实现的。对于构造器，我们在本章的前面已经有所讲述，并初步了解了构造器的一些特殊规定。下面我们结合 Date 类再来强调一下。

构造器有两个作用：构造对象；初始化对象。

【任务 5-5-1】构造对象

构造一个对象时，是通过在构造器的前面加上 new 来实现的。由于构造器的名字与类名相同，所以 Date 类的构造器肯定叫做 Date。

构造一个 Date 对象时，可以采用如下代码：

```
new Date();
```

这个表达式构造了一个日期对象，并把这个对象初始化为当前的日期与时间。

```
new Student("张明","20120004");
```

这个表达式构造了一个学生对象，并将学生对象的内容初始化为姓名是"张明"、学号为"20120004"的一个学生。

我们可以把这个对象传递给一个方法，如我们经常使用的输出方法：

```
System. out. println(new Date());
System. out. println(new Student("张明","20120004"));
```

可以看出，对象作为 println 方法的一个参数被使用了。同样我们也可以将一个方法应用于一个对象，我们查阅 Date 类的 API 文档，Date 类中有一个 toString 方法，这个方法返回一个表示时间的字符串。我们就可以把新对象应用于这个方法：

```
new Date(). toString();
```

以上两种使用对象的方法都是只能用一次，这个新的对象不能同时作用于不同的方法，如：

```
System. out. println(new Date());
new Date(). toString();
```

对象变量的初始化可以通过两种方式进行。

1)通过构造器构建一个对象的实例，这个我们已经比较熟悉了。例如：

```
Date tomorrow = new Date(); //构建一个 Date 类的实例
```

2)指向一个已经存在的对象。使一个对象变量指向一个已经存在的对象，实质上就是赋值语句。但我们操纵的是对象句柄，所以实现赋值的操作也是通过对象句柄来实现的。例如：

```
Date deadLine = tomorrow; //构建一个新的对象句柄指向一个已经存在的对象
```

实质上，到目前为止，我们的两个对象句柄都指向了同一个对象。就像现在有两个遥控器，但只有一台电视机一样，如下所示：

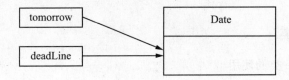

【任务 5-5-2】对象变量的初始化

对象变量作为变量的一种，在程序使用过程中也需要被初始化。下面我们以一个例子来讲解。

【案例分析】对象变量的初始化 InitObject. java

```
/*
 * 对象变量的初始化
 */
Import java. util. Date;

Public class InitObject
{
    Private Date today;
    Pulic static void main(String[] args)
    {
        new InitObject(). print();
    }
    Public void print()
    {
        System. out. println(today. toString());

    }
}
```

输出结果：

Exception in thread "main" java. lang. NullPointerException

可以看出，对象变量 today 并没有被系统自动初始化。我们必须显式地进行对象变量的系统初始化。

Date 类是操纵系统时间的类，它是与本地系统相关的类，根据程序可以看出，本地变量系统是不会自动初始化的。

▶ 5.6   GregorianCalendar 类

【任务 5-6】GregorianCalendar 类的使用

Java 类库的设计者为我们提供了方便进行日期操作的类：GregorianCalendar 类，以我们所熟悉的日历记号来表示日期。

GregorianCalendar 类实际上是对 Calendar 类的扩展，Calendar 类是从总体上描述历法的类。理论上说，只要扩展了 Calendar 类就可以用来实现中国人的阴历等，但在标准库中只是实现了阳历。

Date 类中也有少量的用于得到日期的算法，如 getDay、getMonth 等方法，但这些方法已经不被推荐使用了。在我们的程序中，尽量或者完全不要再用 deprecated 的方法。

GregorianCalendar 类中的方法比 Date 类多得多, 尤其是对于日期操作的相关方法。

【任务 5-6-1】构造不同的日期对象

查阅 GregorianCalendar 类的 API 文档, 可以发现这个类有 7 个不同的构造器, 分别用于构造不同目的的日期对象。其中最常用的就是无参数构造器。

无参数构造器也被称为默认构造器。

new GregorianCalendar();

构造一个新的对象, 这个对象表示了该对象被构造的日期和时间。

也可以通过如下的方式构造一个特定年、月、日的对象:

new GregorianCalendar(2012, 11, 24);

请注意, 在这里的 11 指的是 12 月, 也就是 GregorianCalendar 类的月份是从 0 开始计算的。如果读者对此容易引起混淆, 也可以采用 Calendar 类的一些日期常量。

【任务 5-6-2】设置器和访问器

通过查阅 GregorianCalendar 类的 API 文档, 我们可以看到, 包括从 Calendar 类继承来的一些方法与常量, 大部分都是以 get 或 set 开头的方法, 这种类的方法在前面已经有所讲述, 也就是我们所说的设置器和访问器。

下面我们通过一个程序来演示设置器和访问器的使用。

【案例分析】设置器和访问器的使用 CalendarTest.java

```java
/ *
 * GregorianCalendar 类的设置器与访问器
 * /
import java.util. * ;
public class CalendarTest
{
    public static void main(String[] args)
    {
        new CalendarTest(). print();
    }

    public void print()
    {
    Calendar calendar = new GregorianCalendar();
    Date trialTime = new Date();
    calendar. setTime(trialTime);

    // print out a bunch of interesting things
    System. out. println("YEAR: " + calendar. get(Calendar. YEAR));
    System. out. println("MONTH: " + calendar. get(Calendar. MONTH));
    System. out. println("WEEK_OF_YEAR:"+
            calendar. get(Calendar. WEEK_OF_YEAR));
    System. out. println("WEEK_OF_MONTH: " +
```

```
                calendar. get(Calendar. WEEK_OF_MONTH));
    System. out. println("DATE: "+  calendar. get(Calendar. DATE));
    System. out. println("DAY_OF_MONTH: " +
                calendar. get(Calendar. DAY_OF_MONTH));
        System. out. println("DAY_OF_YEAR: " +
                calendar. get(Calendar. DAY_OF_YEAR));
    System. out. println("DAY_OF_WEEK: " +
                calendar. get(Calendar. DAY_OF_WEEK));
          System. out. println("DAY_OF_WEEK_IN_MONTH: " +
            calendar. get(Calendar. DAY_OF_WEEK_IN_MONTH));
    System. out. println("AM_PM: " + calendar. get(Calendar. AM_PM)        );
    System. out. println("HOUR: " + calendar. get(Calendar. HOUR));
        System. out. println("HOUR_OF_DAY: " +
                calendar. get(Calendar. HOUR_OF_DAY));
        System. out. println("MINUTE: " + calendar. get(Calendar. MINUTE));
        System. out. println("SECOND: " + calendar. get(Calendar. SECOND));
        System. out. println("MILLISECOND: " +
                calendar. get(Calendar. MILLISECOND));
    System. out. println("Current Time, with hour reset to 3");

    calendar. clear(Calendar. HOUR_OF_DAY); // so doesn't override
        calendar. set(Calendar. HOUR, 3);
    System. out. println("YEAR: " + calendar. get(Calendar. YEAR));
        System. out. println("MONTH: " + calendar. get(Calendar. MONTH));
        System. out. println("WEEK_OF_YEAR: " +
                calendar. get(Calendar. WEEK_OF_YEAR));
    System. out. println("WEEK_OF_MONTH: " +
                calendar. get(Calendar. WEEK_OF_MONTH));
        System. out. println("DATE: " + calendar. get(Calendar. DATE));
        System. out. println("DAY_OF_MONTH: " +
                calendar. get(Calendar. DAY_OF_MONTH));
        System. out. println("DAY_OF_YEAR: "+
                calendar. get(Calendar. DAY_OF_YEAR));
        System. out. println("DAY_OF_WEEK: " +
                calendar. get(Calendar. DAY_OF_WEEK));
        System. out. println("DAY_OF_WEEK_IN_MONTH: " +
                calendar. get(Calendar. DAY_OF_WEEK_IN_MONTH));
    System. out. println("AM_PM: " + calendar. get(Calendar. AM_PM));
        System. out. println("HOUR: "+  calendar. get(Calendar. HOUR));
        System. out. println("HOUR_OF_DAY: " +
                calendar. get(Calendar. HOUR_OF_DAY));
    System. out. println("MINUTE: " + calendar. get(Calendar. MINUTE));
    System. out. println("SECOND: " + calendar. get(Calendar. SECOND));
```

```
        System. out. println("MILLISECOND: " +
                calendar. get(Calendar. MILLISECOND));
    }
}
```

请读者自己编译、运行程序, 在不同的时间内编译运行的结果是不一样的。这是因为

Date trialTime = new Date();

calendar. setTime(trialTime);

calendar 对象设置了系统编译时的当前时间。

API: java. util. GregorianCalendar

【任务 5-6-3】格式化日期输出

在我们实际进行日历使用的时机与场合, 经常对日期的输出有一些特殊的要求, 也就是说, 日历必须符合某种特定的格式。如考试的时间是倒计时的; 在某些场合要求是按照"YYYYMMDD"格式输出; 在某些场合是要求"YY-MM-DD"格式输出, 那么如何使日历按照我们需要的格式进行输出呢?

现在我们编写一个程序, 当用户输入任何一个有效的年份后, 系统会自动计算出该年一共有多少天, 每个月有多少天, 并按照指定的格式进行输出。

【案例分析】FormateDateOutput. java

```java
/ *
 * 日历按照格式输出
 * /
import java. util. Calendar;
import javax. swing. JOptionPane;
import java. text. SimpleDateFormat;
public class FormateDateOutput
{
    private int year;
    public static void main(String[] args)
    {
        String input = JOptionPane. showInputDialog("请输入有效
                                        的年份(YYYY):");
        int year1 = Integer. parseInt(input); //将字符串转化为整数

        FormateDateOutput out = new FormateDateOutput();
        out. setYear(year1);
        if(year1 ! = 0 && input. length() == 4)
        {
            out. FormateDateStr();
        }
        else
        {
```

```
            System. out. println("输入的年份无效。");
        }
        System. exit(0);
    }

    public void FormateDateStr()
    {
        SimpleDateFormat formatter =
            (SimpleDateFormat)SimpleDateFormat. getDateInstance();
        formatter. applyPattern("yyyy-MM-dd");
        Calendar   cal = Calendar. getInstance();

            for(int i = 0; i <12; i++)
        {
        cal. set(year, i, 1);
        int temp = cal. getActualMaximum(Calendar. DAY_OF_MONTH);
            for (int j = 1; j <= temp; j++)
            {
                cal. set(year, i, j);
                String str = formatter. format(cal. getTime());
                System. out. println("当前的时间是:" + str);
            }
        }
    }
    public void setYear(int year)
    {
      this. year = year;
    }
}
```

输出结果：

……

当前的时间是：2003-12-20

当前的时间是：2003-12-21

当前的时间是：2003-12-22

当前的时间是：2003-12-23

当前的时间是：2003-12-24

当前的时间是：2003-12-25

……

▶ 5.7　小结

在本章中，我们学习了 Java 类库中常见的类，依次讲解了 System 类及属性、

String 类及属性、StringBuffer 类及属性、Math 类及属性、Date 类、GregorianCalendar 类，并通过具体的示例说明了它们各自的功能。

习题五

1. 思考题

(1)String 类和 StringBuffer 类有什么区别？

(2)Date 类和 Calendar 类有什么区别和联系？

2. 程序设计题

使用 String 类中的方法实现一个字符串的大小写字母转换。

第6章 数　组

本章主要讲述了有关一维数组和多维数组的操作、字符串对象创建、字符串操作方法等。数组是用来存取具有相同类型的一组数据的结构，其中的每一个数据称为数组的一个元素，可以通过一个整数的下标（Index）去访问其中的任何一个元素。例如，如果 a 是一个整数数组，可以通过 a[i] 去访问 a 中的第 i+1 个元素。

本章要点

- 数组的声明。
- 数组的初始化。
- 匿名数组。
- 数组的拷贝。
- 命令行参数。
- 数组的排序。

▶ 6.1　数组的声明

【任务 6-1】数组的使用

在 Java 中声明一个数组是很简单的。要想声明一个数组，要先声明数组的类型，再声明数组变量的名字。例如：下面的形式声明了一个整型数组 a：

　　　int[] a；　或

　　　int a[]；

这两种形式都是可以接受的，请读者根据个人的爱好选择，但习惯上倾向于采用第一种形式。再如，根据我们设计的学生类，想声明一个学生类的数组，则可以采用如下格式：

　　　Student[] aStudent；　或

　　　Student aStudent[]；

在这里我们强调两件事情：

（1）我们声明整型数组 a 的类型是 int 型，指的是整型数组 a 中的每一个元素都是 int 型的，不能再出现其他的类型。如果声明为 String 类型的，则数组内的每一个元素都是 String 类型的。

（2）声明一个数组如同声明其他任何类型的变量一样，也必须指明数组的类型。数组的类型也就是数组内每一个元素的类型。

▶ 6.2 数组的初始化

【任务 6-2】数组初始化

要想初始化一个数组，有隐式初始化和显式初始化两种方式。

【任务 6-2-1】隐式初始化

用户可以像实例化一个对象一样采用关键字 new 来实现一个数组的初始化。如初始化整型数组 a：

  int[] a = new int[100]； 或

  int a[]= new int[100]；

再如初始化学生类数组：

  Student[] aStudent= new Student[50]； 或

  Student aStudent[] = new Student[50]；

这两种形式分别初始化整型数组 a 的容量为 100，学生数组 aStudent 的容量为 50，也就是说，在数组内最大的元素个数分别是 100 和 50，也只能容纳 100 和 50 个元素。

【案例分析】逐个输入并计算 10 个学生的平均成绩。

```java
import java.io. * ;
public class Li4_01
{
    public static void main(String[] args) throws IOException
    {
        int k，count=10；//count 为学生的个数
        float score[]=new float[count]；//学生的成绩数组
        float floatSum=0.0f，floatAver=0.0f；//学生的总成绩和平均成绩
        String str；
        BufferedReader buf=new BufferedReader(new InputStreamReader(System. in))；
        for(k=0；k<count；k++)
        {
            System. out. print("请输入第"+(k+1)+"个学生的成绩:")；
            str=buf. readLine()；
            score[k]=Float. parseFloat(str)；
            floatSum+ = score[k]；
        }
        floatAver=floatSum/count；
        System. out. println("这"+count+"个同学的平均成绩是:"+floatAver)；
    }
}
```

以上程序中关于输入输出的部分我们会在后面章节中介绍，在该程序中数组的声明和赋值是分开的情况，这种情况在实际使用过程中比较多，因为在实际项目中，我们可以提前知道数组的类型，但对于数组内每个元素的值是需要在程序运行过程中被适时添加的，所以会根据程序的需要，再进行数组的初始化。

【任务 6-2-2】显式初始化

所谓显式初始化，也就是在声明一个数组的时候，直接进行数组的赋值。如声明一个具有 5 个元素的整数数组 b：

　　　int[] b = {1, 2, 3, 4, 5};

注意：在这种初始化方式中，我们没有使用关键字 new，也没有指定数组元素的个数。但这样做是可行的，系统会自动计算数组元素的个数，创建一个固定容量的数组。

有时我们需要得到数组容量的大小，这时有一种特殊的方法，例如，我们要得到整数数组 b 的容量，可以采用如下的格式：

　　　b. length; //注意这并不是方法的调用，length 的后面没有括号。

要知道学生类数组的大小，可以采用如下的格式：

　　　aStudent. length;

通过这种方式得到的数值是一个整型的数值，我们可以声明一个整型变量来接收这个数值，如：

　　　int studentNumber = aStudent. length；

▶ 6.3　匿名数组

【任务 6-3】匿名数组

在数组中，有一种称为匿名数组的形式。顾名思义，也就是没有名字的数组，换句话说，就是声明一个数组但并没有与一个数组变量关联起来。如：

　　　new int[]{10, 20, 30, 40, 50};

根据以前我们的讲述，操纵对象都是通过对象句柄来操纵的，那么声明一个匿名数组有什么作用呢？声明一个匿名数组的目的是将一个新的匿名数组赋值于一个已经存在的数组变量，而不用再重新生成一个新的数组变量，但已经存在的数组变量的类型一定要与匿名数组的类型一致。如：

　　　int[] array = {1, 2, 3};
　　　array = new int[]{10, 20, 30, 40, 50};

这是完全可以的，我们可以不必考虑原来数组的大小，而重新生成一个新的数组，让已经存在的数组变量重新指向一个新的数组对象，系统会自动计算新的数组对象的长度(容量)。下面我们用一个很简单的程序来测试一下。

【案例分析】ArrayTest. java

```
/ * *
 *  通过这个程序，我们要测试两个方面：
 *  1. 匿名数组可以赋值于一个已经存在的数组变量，不关心原来数组变量的容量
 *  2. 数组变量的类型必须要与匿名数组的类型一致
 * /
public class ArrayTest
{
    public static void main(String[] args)
```

```
{
    ArrayTest aTest = new ArrayTest();
    int[] a = {1, 2, 3}; //声明一个新的数组，并赋值于一个新的数组变量
    aTest. print(a);
    a = new int[] {10, 20, 30, 40, 50}; //将整型匿名数组赋值于存在的数组变量a
    //a = new String[] {"a", "b"}; //将字符型匿名数组赋值于存在的数组变量a
    aTest. print(a);
}
public void print(int[] array)
{
    System. out. println("数组变量的长度是" + array. length);
    System. out. println("数组中的每个元素是:");
    for (int i = 0; i < array. length; i++)
    {
    System. out. print("   " + array[i]); //打印出数组中的每一个元素
    }
    System. out. println("\n * * * * * * * * * * * * * * * * * * * * * * * * * ");
    }
}
```

输出结果：
  数组变量的长度是 3
  数组中的每个元素是：
   1 2 3
 *
  数组变量的长度是 5
  数组中的每个元素是：
   10 20 30 40 50
  *

  通过程序的运行结果可以看出，第一次数组长度是 3，第二次数组长度是 5，并且每一个元素的值也发生了变化，完全验证了我们所说的第一条原则：匿名数组可以赋值给一个已经存在的数组变量。

▶ 6.4　数组的拷贝

【任务 6-4】数组的拷贝

由于数组本身属于对象类型，它在 Java 公开库中有一个类与之相对应——Arrays 类。当数组变量传递给另外一个数组变量时，它们传递的是对象句柄，也就是按址传递。例如：

```
int[] a = {1, 2, 3, 4, 5};
int[] b = a;
```

如果我们访问 a[4]，它是指向 5 的，如果访问 b[4]，它同样也是指向 5 的。我们可以通过下面案例得到验证。

【案例分析】ArrayPointer. java

```java
/**
* 测试数组元素传递方式
*/
public class ArrayPointer
{
        public static void main(String[] args)
        {
            ArrayPointer aPointer = new ArrayPointer();
            int[] a = {1, 2, 3, 4, 5};
            System. out. println("打印数组 a 中的元素。");
            aPointer. print(a);
            int[] b = a;
            System. out. println(" \ n 改变数组 b 中的第三个元素的值。\ n ");
            System. out. println("打印数组 b 中的元素。");
            b[2] = a[2] + 10;
            aPointer. print(b);
            System. out. println("再打印数组 a 中的元素。");
            aPointer. print(a);
        }
        public void print(int[] array)
        {
            for (int i = 0; i < array. length; i++)
            {
                System. out. print("   " + array[i]); //打印出数组中的每一个元素
            }
            System. out. println(" \ n * * * * * * * * * * * * * * * * * * * * * *");
        }
}
```

输出结果：

打印数组 a 中的元素。

　1　2　3　4　5

　* *

改变数组 b 中的第三个元素的值。

打印数组 b 中的元素。

1　2　13　4　5

　* *

再打印数组 a 中的元素。

1　2　13　4　5

　* *

　　我们修改的是数组 b 中的第三个元素的值，通过程序运行的结果可以看出，数组 a 的第三个值也相应地做了修改，所以数组是按址传递的，它属于对象类型。

我们也可以在修改数组 b 中的元素时不影响到数组 a 中的元素，这就是数组元素的拷贝。这种拷贝方式就要用到 System 类中的一个很有用的方法 arraycopy()，该方法中各个参数的含义如下：

arraycopy(源数组，开始元素的序列号，目的数组，目的数组开始元素序列号，拷贝元素个数)

例如，我们可以把上例的程序修改如下：

【案例分析】ArrayCopy. java

```java
/* *
 * 测试数组元素拷贝
 */
public class ArrayCopy
{
        public static void main(String[] args)
        {
            ArrayCopy aCopy = new ArrayCopy();
            int[] a = {1, 2, 3, 4, 5};
            int[] b = {10, 20, 30, 40, 50};
            aCopy. copy(a, b);
    }
    public void copy(int[] from, int[] to)
    {
    System. out. println("第一个数组中的元素");
    for (int i = 0; i < from. length; i++)
    {
        System. out. print("   " + from[i]); //打印出数组中的每一个元素
    }
    System. out. println(" \ n");
    System. out. println("第二个数组中的元素");
    for (int i = 0; i < to. length; i++)
    {
        System. out. print("   " + to[i]); //打印出数组中的每一个元素
    }
    System. out. println(" \ n \ n 将第一个数组拷贝到第二个数组 \ n");
    System. arraycopy(from, 0, to, 0, 5);

    System. out. println("拷贝完成后第二个数组中的元素");
    for (int i = 0; i < to. length; i++)
    {
        System. out. print("   " + to[i]); //打印出数组中的每一个元素
    }
        }
    }
```

输出结果：

第一个数组中的元素

1 2 3 4 5

第二个数组中的元素

10 20 30 40 50

将第一个数组拷贝到第二个数组

拷贝完成后第二个数组中的元素

1 2 3 4 5

这样，第二个数组中的元素现在全部变成了第一个数组中的元素，也就是完成了对第一个数组的一个拷贝。

上面的例子是实现数组元素的全部拷贝，那我们可不可以根据需要拷贝其中的某一个或某几个元素呢？这也是完全可以的，只要将：

System. arraycopy(from, 0, to, 0, 5);

中的几个数字修改一下就可以了。比如，要将第一个数组中的后 3 位拷贝到第二个数组中的前 3 位，用户可以如下修改：

System. arraycopy(from, 2, to, 0, 3);

再编译运行一下，则可得到如下的结果：

输出结果：

第一个数组中的元素

1 2 3 4 5

第二个数组中的元素

10 20 30 40 50

将第一个数组拷贝到第二个数组

拷贝完成后第二个数组中的元素

3 4 5 40 50

注意：这种拷贝只是传值传递的基本类型是可以的，由于对象类型的元素是一个对象句柄，即使拷贝过去也只是个对象句柄的拷贝，并没有多少实际性的意义可言。

▶ 6.5 命令行参数

【任务 6-5】命令行参数的使用

在前面的章节中，在解释 main 方法中的 String[] args，曾经提到过这是用来接收命令行传入的参数，String[]是声明 args 可存储字符串数组。那如何从命令行输入参数，并让程序接收呢？现在就可以解决这个问题了。

我们来看下面的程序。

【案例分析】CommandInput. java

```
/*
*命令行参数的输入,从命令行输入的任何参数,对于 Java 来讲都是用字符串处理的。
*/
public class CommandInput
{
        public static void main(String[] args)
        {
          if(args. length == 0)
          {
            System. out. println("用户没有输出参数,程序退出!");
          }
          else
          {
            System. out. println("用户一共输入了" + args. length +"个参数");
            if(args[0]. equals("h"))
              System. out. print("用户好");
            if(args[0]. equals("g"))
              System. out. print("再见");
            for(int i = 1; i < args. length; i++)
            {
              System. out. print(" " + args[i]);
            }
          }
        }
}
```

现在我们可以编译程序了,编译程序同以前一样,还是用:

javac CommandInput. java

但解释程序可就不再一样了,因为我们要从命令行输入参数,格式如下:

java CommandInput h 欢迎用户! Java 的学习需要努力 坚持就是胜利。

输出结果:

用户一共输入了 4 个参数

用户好 欢迎用户! Java 的学习需要努力 坚持就是胜利。

用户可以看到,解释器会把每一个空格作为一个参数的分隔。我们一共输入了 4 个参数。这是从命令行输入参数,注意第一个参数是从文件名后面开始的。

接下来我们再探讨一个基本类型数组的特性——排序,同时再接触一种从 tung 界面输入参数的方式。

▶ 6.6 数组排序

【任务 6-6】数组排序的使用

如果要对数组实现排序,就需要用到数组类(Arrays)中的方法了。在数组类中,关于排序的方法有很多种，主要是根据不同的算法而写成的方法，我们主要采用的是快速排序算法，这对于大多数的数据集合来讲是非常有效的一种算法。

【案例分析】 ArraySort. java

```
/*
 * 数组排序及随机数的产生
 */
import java. util. Arrays;
import javax. swing. * ;
public class ArraySort
{
    public static void main(String[] args)
    {
        String strIn = JOptionPane. showInputDialog("
                                              请输入一共多少个彩球:");
        String strOut = JOptionPane. showInputDialog("
                                              请输入需抽取多少个彩球:");
        int in = Integer. parseInt(strIn);
        int[] total = new int[in]; //生成彩球总数数组
        for(int i = 0; i < in; i++)
        {
            total[i] = i + 1;
        }
        int[] out = new int[Integer. parseInt(strOut)];
        for(int i = 0; i < out. length; i++)
    {
        int r = (int)(Math. random() * in); //产生随机元素序列号
        out[i] = total[r];
        total[r] = total[in - 1]; //将最后一个元素移到当前位置,把取出的删除
        in--;
    }
    Arrays. sort(out);
    System. out. println("抽取的数字排序后是:");
    for(int i = 0; i < out. length; i++)
    {
        System. out. print(" " + out[i]);
    }
    System. exit(0);
    }
}
```

对于数组的有关内容我们就介绍到这里。当然，还有多维数组及不规则数组，由于这类数组在实际应用中并不常用，我们在此就不多做介绍了，有兴趣的读者可以查阅有关的资料。

▶ 6.7 小结

在这一章中主要介绍了数组的概念、拷贝、排序等相关操作。

习题六

程序设计题

(1)将一个给定的整型数组转置输出，

例如：源数组，1 2 3 4 5 6

转置之后的数组，6 5 4 3 2 1

(2)现在给出了两个数组：

数组 A：1 7 9 11 13 15 17 19；

数组 B：2 4 6 8 10

将两个数组合并为数组 C，并升序排列。

第 7 章　Java 中的异常及处理

内容提要

在这一章中将介绍如何让 Java 实现具有处理现实数据和带处理 bug 能力的代码。

在任何情况下，大家都不愿意出现错误。但如果因为程序出现错误而导致用户工作的丢失，我们相信用户再也不可能使用这类程序。如果出现错误，最起码应该做到：

1）通知用户有错误发生。

2）保存用户的全部工作。

3）允许用户退出程序。

当可预见的错误发生时，Java 采用一种错误捕获的方法来处理，这称为异常处理。

本章要点

● 处理错误。

● 异常的捕获。

● finally 子句。

▶ 7.1　处理错误

【任务 7-1】 程序错误的处理

假设当 Java 程序运行时发生错误，有如下 3 种：

（1）设备错误

硬件设备有时也并不是完全按照我们的意愿做事。比如：正在接连一个网站时，网络却突然中断了；打印文件到一半时，纸用完了等。这种与硬件有关的不可预料的错误，称为设备错误。

（2）物理限制

比如想存储文件时，硬盘却已经满了；发送一个邮件时，文件过大，超过邮箱的限制那就不能发送了。这种类似由于本身容量的问题而引发的错误，称为物理限制。

（3）代码错误

这种错误是很明显的，由于我们本身代码的原因使程序存在某种 bug，以前系统会返回错误代码，用于代表不同的错误。但有时也很难区分错误的实质。在 Java 中通过方法抛出一个封装了错误信息的对象，异常处理机制会开始搜索一个能处理这种特定错误情况的异常处理器。以便能提示用户正确的避免由于程序的错误而将损失减少到最低。

7.1.1　异常的分类

【任务 7-1-1】 异常的分类

Java 中所有的异常都是从 Throwable 类中继承出来的子类。图 7-1 所示为一个简化的异常继承层次图。

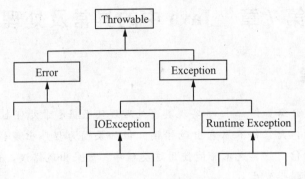

图 7-1　异常继承层次图

从图中我们可以看出，所有的异常都是从 Throwable 类中扩展出来的，并马上分成两个部分，一个是 Error，另一个称为 Exception(异常)。

Error 分支的产生，主要是由于系统内部发生错误及资源耗尽等错误。对于这种错误的处理，除了通知用户并试图终止程序以外基本上无能为力。当然，这种情况的发生也是非常少见的。Error 分支属于不可处理的异常之列。

在 Java 编程中，我们重点讨论的是可处理的异常，也就是 Exception 分支。Exception 分支主要分为运行期异常(RuntimeException)及已检查的异常。

对于扩展于 RuntimeException，它是由于程序书写产生的错误，例如：

1)一个错误的造型转换；

2)一个越界的数组访问；

3)一个空指针的访问等。

总之，一切的 RuntimeException 都是由于本身的错误造成的。RuntimeException 同 Error 异常我们叫做未检查异常，这种异常是不应该产生的，除此以外的异常都称为已检查的异常。

我们所重点讨论的就是已检查的异常的处理。

7.1.2　异常的声明

【任务 7-1-2】异常的声明方法

如果在 Java 程序设计中，调用一个方法时，出现 Java 不能处理的情况，那就应该抛出一个异常。它不仅告诉 Java 编译器应该返回什么类型的值，而且告诉编译器可能产生什么样子的错误。

在方法中声明一个异常是在方法的头部表示的。利用关键字 throws，表示该方法在运行中可能会抛出的异常。

例如：我们看一下 java.sql 包中的 DriverManager 类，在 DriverManager 类中有一个方法是根据用户名、密码等建立一个到数据库的连接。

```
public static Connection getConnection(String url,
                    String user,
                    String password) throws SQLException
```

可以看到该方法抛出了一个 SQLException 异常。

如果方法抛出多个异常，也必须要在方法的头部将多个异常全部列出来，并用逗号分隔。

7.1.3 异常的抛出

当调用一个抛出异常的方法时，有两种方式可以处理它，一种方式是继续向外抛出；另一种方式就是解决。

【任务 7-1-3】继续抛出

所谓继续抛出也就是我们并不对异常做任何处理，只是把这个异常继续向外抛出，那究竟由谁来处理这个异常呢？

所有抛出的异常最终必须要有一个处理这个异常的方法，什么时候在什么位置处理这个异常是根据程序设计的思想来进行的。

例如，我们自己写了一个关于数据库连接的方法 getConn()，并且不处理异常。

```
public Connection getConn() throws SQLException
{
    private String strURL="jdbc：oracle：thin：@localhost：1521：wangwd";
    private String strUser="wangwd";
    private String strPassword="411516";
    ……
    Connection conn=DriverManager. getConnection(strURL ， strUser, strPassword);
    ……
    return conn;
}
```

通过代码可以明显的看到，在我们自己的方法里，继续用了 throw 关键字抛出了 SQLException，在继续抛出的异常中，我们必须要抛出与所使用的方法的异常相匹配的异常或者该异常的父类。

例如，我们在 getConn 方法中可以抛出 SQLException，也可以抛出 Exception，但绝对不能抛出一个 IOException。

如果在程序中主动抛出异常就要用到关键字 throw 了。

假设写了一个 readData 的方法，从一个文件中读取相应的数据，但读取文件时遇到了一个非正常结束的情况，这时我们可能决定要抛出一个异常。

首先应该决定抛出一个什么类型的异常，由于涉及文件的读取肯定属于某种 IOException，现在我们就用这个父类来表示需要抛出的异常，如：

```
throw new IOException();
```

或者：

```
IOException e = new IOException();
throw e
```

下面的代码就是一个简单的方法体实现。注意，由于在方法体内使用了 throw 关键字抛出了一个异常，所以在方法声明中，也同样需要 throws 指定的异常。

```
public String readData() throws IOException
{
    ……
```

```
    while(…)
    {
        throw new IOException();
    }
    return s;
}
```

其中，throw 与 throws 的区别：

(1)throw 代表动作，表示抛出一个异常的动作，throws 代表一种状态，代表方法可能有异常抛出。

(2)throw 用在方法实现中，而 throws 用在方法声明中。

(3)throw 只能用于抛出一种异常，而 throws 可以抛出多个异常。

【任务 7-1-4】设计自己的异常类

有时候，标准异常类并不能充分描述我们自己的问题，在这种情况下，就需要创建自己的异常类了。

提示：在目前大多数的程序设计中，都会用到自己设计的异常类。所以异常类的设计请读者一定要注意。

设计一个自己的异常类其实是一件很轻松的事情，只要从 Exception 或 IOException 中派生一个子类就可以了。一般情况下，这个类要符合下列要求：

(1)有一个默认构造器；

(2)包含一个详细信息字符串参数的构造器。

7.2 异常的捕获

【任务 7-2】异常的捕获

可以说抛出一个异常是相当简单的，抛出这个异常后就不需要再理会它了，但在实际程序设计中，我们必须要有代码捕获这个异常，捕获一个异常必须要有合理的计划与设计，以实现程序的可控制性及合理性。

如果想处理一个异常，首先应当捕获这个异常。捕获一个异常是用关键字 try 来实现的，例如：

```
    try
    {
        … …
        Connection conn = DriverManager. getConnection(strURL, strUser,
        strPassword);
        … …
    }
```

有可能抛出异常的代码应该放到 try 块中，如果我们捕获了一个异常，也就必须要处理它，如果不处理它就没有必要捕获了。所以关键字 try 不会是单独出现的。如果有 try 块那必须要有 catch 块。例如：

```
    catch(ExceptionType e)
```

```
        {
            … …
        }
```

catch 块是用来处理异常的，也就是当我们捕获一个异常时，程序将如何响应。

接下来 catch 块中的参数 ExceptionType 应该是什么呢？应该是我们所捕获的异常类，如上例中我们捕获了 SQLException：

```
    catch(SQLException e)
    {
        … …
    }
```

try/catch 块中的代码执行顺序是这样的：

如果 try 块中的任意代码抛出一个 catch 块所声明类的异常，那么：

1)该程序就会跳过 try 块中的剩余代码；

2)程序执行 catch 块中的处理器代码。

如果 try 块中没有任何代码抛出一个异常，程序就会忽略 catch 块。

如果 try 块中抛出一个不属于 catch 块所声明的异常类，程序会立即退出。

7.2.1　异常的抛出

【任务 7-2-1】抛出异常

如果有多个异常需要处理，那就需要多个 catch 块，例如：

```
    catch(SQLException e)
    {
        … …
    }
    catch(IOException ex)
    {
        … …
    }
```

已经了解了如何捕获及处理一个异常了，现在关键是在 catch 块中应该如何处理？

在通常设计中，我们需要知道异常相关的信息或输出定制的错误信息，例如：

```
    catch(SQLException e)
    {
        System. out. println("the error is occured")；//定制的异常信息
        e. printStackTrace()；//打印错误对象的相关描述，由系统自动完成
    }
```

换句话说，在 catch 块中，想如何处理，就如何处理。有时会根据程序的需要将错误跳转到一个特殊的页面等。总而言之，在 catch 块中就是当程序发生指定的异常时，所需要采取的动作，或做出的响应。

7.2.2　重新抛出异常

在实际的程序设计中，经常会碰到根据一个类型的异常再抛出另一个类型的异常，以最终形成符合我们自己要求的异常设计。这个过程我们习惯上称为异常的再抛出。

【任务 7-2-2】抛出同一异常

例如我们在进行数据库的相关操作时，如果数据发生错误，需要进行数据的回滚，但这时我们并不想把这个异常信息屏蔽掉，而是继续放回到传递链中，最终由页面显示给用户。

```
public void operatDB() throw SQLException
{
    ……
    try
    {
        code that might throw SQLException;
    }
    catch(SQLException e)
    {
        data rallback;
        throw e;
    }
}
```

【任务 7-2-3】抛出另外的异常

如果在程序设计的过程中，我们需要进行异常的类型变换，也就是说程序处理一种异常的类型，并根据这一类型的异常重新抛出一个新的类型的异常。

```
public void operatDB() throw SQLException
{
    ……
    try
    {
        code that might throw SQLException;
    }
    catch(SQLException e)
    {
        data rallback;
        throw new FileFormatException();
    }
}
```

这种情况的发生通常是这样的：

当发生一种异常时，这种异常可能比较抽象或者并不能完全说明异常产生的原因，在程序中我们会用一种新的异常代替原来的异常，并将新的异常放到传递链中。

7.3 finally 子句

【任务 7-3】finally 子句的使用

当在一个方法内抛出一个异常时，该方法中的剩余代码就会被跳过，那方法所占用的本地资源并不会被释放。一个解决方案就是捕获并重新抛出所有的异常。但这种方案比较麻烦，在 Java 中提供了一个更好的方案——finally 子句。

finally 子句的功能是无论程序是否有异常抛出，都会执行的子句，目的是释放本地资源。

下面我们说一下程序执行 finally 子句的几种情况。

(1)代码不抛出异常

在这种情况下，程序首先执行 try 块中的所有代码，接着它执行 finally 子句中的代码，然后程序执行 try 块后面的语句。

(2)代码抛出一个 catch 块能够捕获的异常。

(3)代码抛出一个不被任何 catch 块能够捕获的异常。

由于 finally 子句具有了 catch 块的功能，所以在程序中我们可以只有 finally 子句而不再使用 catch 块。例如：

```
public boolean executeUpdate(String sql)
{
    stmt = null;
    try
    {
        stmt = conn. createStatement();  //建立一个到数据库的会话
        if (debug) System. out. println("execute update : " + sql);
        stmt. executeUpdate(sql);
    }
    finally
    {
        try
        {
            stmt. close();
        }
        catch (SQLException e2)
        {}
        return false;
    }
    return true;
}
```

在使用 finally 子句时应该注意，无论在什么情况下，finally 子句都会被执行，这是与 catch 块不同的地方，请读者务必注意。

▶ 7.4　小结

在本章中重点介绍了异常、异常的分类及异常处理的方法，最后介绍了一种释放资源的方法——finally 子句。

在本章中没有使用太多的示例来说明异常与处理的内容，在后面的章节中会有大量示例需要进行异常和处理，请读者在实际的示例中仔细体会理解。

习题七

Java 语言是通过什么机制处理异常情况的？

第 8 章　数据流的应用

内容提要

　　了解 Java 语言的输入输出处理及对文件的操作，如从文件中读取数据，从键盘读取数据等。在 Java 开发环境中提供了 java.io 包，该包包括了一系列实现输入输出处理的类。本章介绍其中一些重要的类以及如何利用这些类进行输入输出处理和文件的操作。

本章要点

● 输入输出流。
● 文件类。
● I/O 类的使用。

▶ 8.1　输入输出流

【任务 8-1】 输入输出流的使用

　　在 JDK API 中，基础的 I/O 类都位于 java.io 包，而新实现的 I/O 类则位于一系列以 java.nio 开头的包名中，这里首先介绍 java.io 包中类的体系结构。

　　流是有方向的，则整个流的结构按照流的方向可以划分为两类：

1. 输入流

　　该类流将外部数据源的数据转换为流，程序通过读取该类流中的数据，完成对于外部数据源中数据的读入。

2. 输出流

　　该类流完成将流中的数据转换到对应的数据源中，程序通过向该类流中写入数据，完成将数据写入到对应的外部数据源中。

　　而在实际实现时，由于 JDK API 历史的原因，在 java.io 包中又实现了两类流：字节流（byte stream）和字符流（char stream）。这两种流实现的是流中数据序列的单位，在字节流中，数据序列以 byte 为单位，也就是流中的数据按照一个 byte 一个 byte 的顺序实现成流，对于该类流操作的基本单位是一个 byte，而对于字节流，数据序列以 char 为单位，也就是流中的数据按照一个 char 一个 char 的顺序实现成流，对于该类流操作的基本单位是一个 char。

　　另外字节流是从 JDK1.0 开始加入到 API 中的，而字符流则是从 JDK1.1 开始才加入到 API 中的，对于现在使用的 JDK 版本来说，这两类流都包含在 API 的内部。在实际使用时，字符流的效率要比字节流高一些。

　　在实际使用时，字符流中的类基本上和字节流中的类对应，所以在学习 I/O 类时，可以从最基础的字节流开始。

8.1.1 字节输入流 InputStream

【任务 8-1-1】字节输入流 InputStream 的使用

该类是 I/O 编程中所有字节输入流的父类，熟悉该类的使用将对使用字节输入流产生很大的帮助，下面做一下详细的介绍。

按照前面介绍的流的概念，字节输入流完成的是按照字节形式构造读取数据的输入流的结构，每个该类的对象就是一个实际的输入流，在构造时由 API 完成将外部数据源转换为流对象的操作，这种转换对程序员来说是透明的。在程序使用时，程序员只需要读取该流对象，就可以完成对于外部数据的读取了。

InputStream 是所有字节输入流的父类，所以在 InputStream 类中包含的每个方法都会被所有字节输入流类继承，通过将读取以及操作数据的基本方法都声明在 Input-Stream 类内部，使每个子类根据需要覆盖对应的方法，这样的设计可以保证每个字节输入流子类在进行实际使用时，开放给程序员使用的功能方法是一致的。这样将简化 I/O 类学习的难度，方便程序员进行实际的编程。

默认情况下，对于输入流内部数据的读取都是单向的，也就是只能从输入流从前向后读，已经读取的数据将从输入流内部删除掉。如果需要重复读取流中同一段内容，则需要使用流类中的 mark 方法进行标记，然后才能重复读取。这种设计在使用流类时，需要深刻进行体会。

在 InputStream 类中，常见的方法有：

（1）available 方法

    public int available() throws IOException

该方法的作用是返回当前流对象中还没有被读取的字节数量。也就是获得流中数据的长度。

假设初始情况下流内部包含 100 个字节的数据，程序调用对应的方法读取了一个字节，则当前流中剩余的字节数量将变成 99 个。

另外，该方法不是在所有字节输入流内部都得到正确的实现，所以使用该方法获得流中数据的个数是不可靠的。

（2）close 方法

    public void close() throws IOException

该方法的作用是关闭当前流对象，并释放该流对象占用的资源。

在 I/O 操作结束以后，关闭流是进行 I/O 操作时都需要实现的功能，这样既可以保证数据源的安全，也可以减少内存的占用。

（3）markSupported 方法

    public boolean markSupported()

该方法的作用是判断流是否支持标记（mark）。标记类似于读书时的书签，可以很方便地回到原来读过的位置继续向下读取。

（4）reset 方法

    public void reset() throws IOException

该方法的作用是使流读取的位置回到设定标记的位置。可以从该位置开始继续向后读取。

（5）mark 方法

  public void mark(int readlimit)

  为流中当前的位置设置标志，使得以后可以从该位置继续读取。变量 readlimit 指设置该标志以后可以读取的流中最大数据的个数。当设置标志以后，读取的字节数量超过该限制，则标志会失效。

（6）read 方法

  read 方法是输入流类使用时最核心的方法，能够熟练使用该方法就代表 I/O 基本使用已经入门。所以在学习以及后期的使用中都需要深刻理解该方法的使用。

  在实际读取流中的数据时，只能按照流中的数据存储顺序依次进行读取，在使用字节输入流时，读取数据的最小单位是字节（byte）。

  另外，需要注意的是，read 方法是阻塞方法，也就是如果流对象中无数据可以读取时，则 read 方法会阻止程序继续向下运行，一直到有数据可以读取为止。

  read 方法总计有 3 个，依次是：

  1) public abstract int read() throws IOException

  该方法的作用是读取当前流对象中的第一个字节。当该字节被读取出来以后，则该字节将被从流对象中删除，原来流对象中的第二个字节将变成流中的第一个字节，而使用流对象的 available 方法获得的数值也将减少 1。如果需要读取流中的所有数据，只要使用一个循环依次读取每个数据即可。当读取到流的末尾时，该方法返回 -1。该返回值的 int 中只有最后一个字节是流中的有效数据，所以在获得流中的数值时需要进行强制转换。返回值作成 int 的目的主要是处理好 -1 的问题。

  由于该方法是抽象的，所以会在子类中被覆盖，从而实现最基础的读数据的功能。

  2) public int read(byte[] b) throws IOException

  该方法的作用是读取当前流对象中的数据，并将读取到的数据依次存储到数组 b（b 需要提前初始化完成）中，也就是把当前流中的第一个字节的数据存储到 b[0]，第二个字节的数据存储到 b[1]，依次类推。流中已经读取过的数据也会被删除，后续的数据会变成流中的第一个字节。而实际读取的字节数量则作为方法的返回值返回。

  3) public int read(byte[] b, int off, int len) throws IOException

  该方法的作用和上面的方法类似，也是将读取的数据存储到 b 中，只是将流中的第一个数据存储到 b 中下标为 off 的位置，最多读取 len 个数据，而实际读取的字节数量则作为方法的返回值返回。

（7）skip 方法

  public long skip(long n) throws IOException

  该方法的作用是跳过当前流对象中的 n 个字节，而实际跳过的字节数量则以返回值的方式返回。

  跳过 n 个字节以后，如果需要读取则是从新的位置开始读取了。使用该方法可以跳过流中指定的字节数，而不用依次进行读取了。

  从流中读取出数据以后，获得的是一个 byte 数组，还需要根据以前的数据格式，实现对于该 byte 数组的解析。

  由于 InputStream 类是字节输入流的父类，所以该体系中的每个子类都包含以上的方法，这些方法是实现 IO 流数据读取的基础。

8.1.2 字节输出流 OutputStream

【任务 8-1-2】字节输出流 OutputStream 的使用

该类是所有的字节输出流的父类，在实际使用时，一般使用该类的子类进行编程，但是该类内部的方法是实现字节输出流的基础。

该体系中的类完成把对应的数据写入到数据源中，在写数据时，进行的操作分两步实现：第一步，将需要输出的数据写入流对象中，数据的格式由程序员进行设定，该步骤需要编写代码实现；第二步，将流中的数据输出到数据源中，该步骤由 API 实现，程序员不需要了解内部实现的细节，只需要构造对应的流对象即可。

在实际写入流时，流内部会保留一个缓冲区，会将程序员写入流对象的数据首先暂存起来，然后在缓冲区满时将数据输出到数据源。当然，当流关闭时，输出流内部的数据会被强制输出。

字节输出流中数据的单位是字节，在将数据写入流时，一般情况下需要将数据转换为字节数组进行写入。

在 OutputStream 中，常见的方法有：

(1)close 方法

    public void close() throws IOException

该方法的作用是关闭流，释放流占用的资源。

(2)flush 方法

    public void flush() throws IOException

该方法的作用是将当前流对象中的缓冲数据强制输出出去。使用该方法可以实现立即输出。

(3)write 方法

write 方法是输出流中的核心方法，该方法实现将数据写入流中。在实际写入前，需要实现对应的格式，然后依次写入到流中。写入流的顺序就是实际数据输出的顺序。

write 方法总计有 3 个，依次是：

1)　public abstract void write(int b) throws IOException

该方法的作用是向流的末尾写入一个字节的数据。写入的数据为参数 b 的最后一个字节。在实际向流中写数据时需要按照逻辑的顺序进行。该方法在 OutputStream 的子类内部进行实现。

2)　public void write(byte[] b) throws IOException

该方法的作用是将数组 b 中的数据依次写入当前的流对象中。

3)　public void write(byte[] b, int off, int len) throws IOException

该方法的作用是将数组 b 中从下标为 off(包含)开始，后续长度为 len 个的数据依次写入到流对象中。

在实际写入时，还需要根据逻辑的需要设定 byte 数值的格式，这个根据不同的需要实现不同的格式。

8.1.3　字符输入流 Reader

【任务 8-1-3】字符输入流 Reader 的使用

字符输入流体系是对字节输入流体系的升级，在子类的功能上基本和字节输入流体系中的子类一一对应，但是由于字符输入流内部设计方式的不同，使得字符输入流的执行效率要比字节输入流体系高一些，在遇到类似功能的类时，可以优先选择使用字符输入流体系中的类，从而提高程序的执行效率。

Reader 体系中的类和 InputStream 体系中的类，在功能上是一致的，最大的区别就是 Reader 体系中的类读取数据的单位是字符(char)，也就是每次最少读入一个字符(两个字节)的数据，在 Reader 体系中读数据的方法都以字符作为最基本的单位。

Reader 类和 InputStream 类中的很多方法，无论声明还是功能都是一样的，但是也增加了两个方法，依次介绍如下：

(1)read 方法

　　　　public int read(CharBuffer target) throws IOException

该方法的作用是将流内部的数据依次读入 CharBuffer 对象中，实际读入的 char 个数作为返回值返回。

(2)ready 方法

　　　　public boolean ready() throws IOException

该方法的作用是返回当前流对象是否准备完成，也就是流内部是否包含可以被读取的数据。

其他和 InputStream 类一样的方法可以参看上面的介绍。

8.1.4　字符输出流 Writer

【任务 8-1-4】字符输出流 Writer 的使用

字符输出流体系是对字节输出流体系的升级，在子类的功能实现上基本上和字节输出流保持一一对应。但由于该体系中的类设计的比较晚，所以该体系中的类执行的效率要比字节输出流中对应的类效率高一些。在遇到类似功能的类时，可以优先选择使用该体系中的类进行使用，从而提高程序的执行效率。

Writer 体系中的类和 OutputStream 体系中的类，在功能上是一致的，最大的区别就是 Writer 体系中的类写入数据的单位是字符(char)，也就是每次最少写入一个字符(两个字节)的数据，在 Writer 体系中的写数据的方法都以字符作为最基本的操作单位。

Writer 类和 OutputStream 类中的很多方法，无论声明还是功能都是一样的，但是还是增加了一些方法，依次介绍如下：

(1)append 方法

将数据写入流的末尾。总计有 3 个方法，依次是：

　　　　public Writer append(char c) throws IOException

该方法的作用和 write(int c) 的作用完全一样，即将字符 c 写入流的末尾。

　　　　public Writer append(CharSequence csq) throws IOException

该方法的作用是将 CharSequence 对象 csq 写入流的末尾，在写入时会调用 csq 的 toString 方法将该对象转换为字符串，然后再将该字符串写入流的末尾。

public Writer append(CharSequence csq，int start，int end) throws IOException

该方法的作用和上面的方法类似，只是将转换后字符串从索引值为 start(包含)到索引值为 end(不包含)的部分写入流中。

（2）write 方法

除了基本的 write 方法以外，在 Writer 类中又新增了两个，依次是：

public void write(String str) throws IOException

该方法的作用是将字符串 str 写入流中。写入时首先将 str 使用 getChars 方法转换成对应的 char 数组，然后实现依次写入流的末尾。

public void write(String str, int off, int len) throws IOException

该方法的作用是将字符串 str 中索引值为 off(包含)开始，后续长度为 len 个字符写入到流的末尾。

使用这两个方法将更方便将字符串写入流的末尾。

其他和 OutputStream 类一样的方法可以参看上面的介绍。

8.2 文件类

【任务 8-2-1】文件类的使用

由于在 I/O 操作中，需要使用的数据源有很多，作为一个 IO 技术的初学者，从读写文件开始学习 IO 技术是一个比较好的选择。因为文件是一种常见的数据源，而且读写文件也是程序员进行 IO 编程的一个基本能力。本章 IO 类的使用就从读写文件开始。

8.2.1 文件的概念

文件是计算机中一种基本的数据存储形式，在实际存储数据时，如果对于数据的读写速度要求不是很高，存储的数据量不是很大时，使用文件作为一种持久数据存储的方式是比较好的选择。

存储在文件内部的数据和内存中的数据不同，存储在文件中的数据是一种"持久存储"，也就是当程序退出或计算机关机以后，数据还是存在的，而内存内部的数据在程序退出或计算机关机以后，数据就丢失了。

在不同的存储介质中，文件中的数据都是以一定的顺序依次存储起来，在实际读取时由硬件以及操作系统完成对于数据的控制，保证程序读取到的数据和存储的顺序保持一致。

每个文件以一个文件路径和文件名称进行表示，在需要访问该文件时，只需要知道该文件的路径以及文件的全名即可。在不同的操作系统环境下，文件路径的表示形式是不一样的，例如在 Windows 操作系统中一般的表示形式为 C：/windows/system，而 Unix 上的表示形式为/user/my。所以如果需要让 Java 程序能够在不同的操作系统下运行，书写文件路径时还需要比较注意。

8.2.2 File 类

为了很方便的代表文件的概念，以及存储一些对于文件的基本操作，在 java.io 包中设计了一个专门的类——File 类。

【**任务 8-2-2**】File 类的使用

在 File 类中包含了大部分和文件操作有关的功能方法，该类的对象可以代表一个具体的文件或文件夹，所以以前曾有人建议将该类的类名修改成 FilePath，因为该类也可以代表一个文件夹，更准确地说是可以代表一个文件路径。

下面介绍一下 File 类的基本使用。

1. File 对象代表文件路径

File 类的对象可以代表一个具体的文件路径，在实际代表时，可以使用绝对路径也可以使用相对路径。

下面是创建的文件对象示例。

    public File(String pathname)

该示例中使用一个文件路径表示一个 File 类的对象，例如：

    File f1 = new File("d：//test//1.txt");

    File f2 = new File("1.txt");

    File f3 = new File("e：//abc");

这里的 f1 和 f2 对象分别代表一个文件，f1 是绝对路径，而 f2 是相对路径，f3 则代表一个文件夹，文件夹也是文件路径的一种。

    public File(String parent, String child)

也可以使用父路径和子路径结合，实现代表文件路径，例如：

    File f4 = new File("d：//test//","1.txt");

这样代表的文件路径是：d：/test/1.txt。

2. File 类常用方法

File 类中包含了很多获得文件或文件夹属性的方法，使用起来比较方便，下面将常见的方法介绍如下：

（1）createNewFile 方法

    public boolean createNewFile() throws IOException

该方法的作用是创建指定的文件。该方法只能用于创建文件，不能用于创建文件夹，且文件路径中包含的文件夹必须存在。

（2）delect 方法

    public boolean delete()

该方法的作用是删除当前文件或文件夹。如果删除的是文件夹，则该文件夹必须为空。如果需要删除一个非空的文件夹，则需要首先删除该文件夹内部的每个文件和文件夹，然后才可以删除，这个需要书写一定的逻辑代码实现。

（3）exists 方法

    public boolean exists()

该方法的作用是判断当前文件或文件夹是否存在。

（4）getAbsolutePath 方法

    public String getAbsolutePath()

该方法的作用是获得当前文件或文件夹的绝对路径。例如 c:/test/1.t 则返回 c:/test/1.t。

（5）getName 方法

　　public String getName()

该方法的作用是获得当前文件或文件夹的名称。例如 c:/test/1.t 则返回 1.t。

（6）getParent 方法

　　public String getParent()

该方法的作用是获得当前路径中的父路径。例如 c：/test/1.t 则返回 c：/test。

（7）isDirectory 方法

　　public boolean isDirectory()

该方法的作用是判断当前 File 对象是否是目录。

（8）isFile 方法

　　public boolean isFile()

该方法的作用是判断当前 File 对象是否是文件。

（9）length 方法

　　public long length()

该方法的作用是返回文件存储时占用的字节数。该数值获得的是文件的实际大小，而不是文件在存储时占用的空间数。

（10）list 方法

　　public String[] list()

该方法的作用是返回当前文件夹下所有的文件名和文件夹名称。说明，该名称不是绝对路径。

（11）listFiles 方法

　　public File[] listFiles()

该方法的作用是返回当前文件夹下所有的文件对象。

（12）mkdir 方法

　　public boolean mkdir()

该方法的作用是创建当前文件夹，而不创建该路径中的其他文件夹。假设 D 盘下只有一个 test 文件夹，创建 d:/test/abc 文件夹则成功，如果创建 d:/a/b 文件夹则失败，因为该路径中 d:/a 文件夹不存在。如果创建成功则返回 true，否则返回 false。

（13）mkdirs 方法

　　public boolean mkdirs()

该方法的作用是创建文件夹，如果当前路径中包含的父目录不存在时，也会自动根据需要创建。

（14）renameTo 方法

　　public boolean renameTo(File dest)

该方法的作用是修改文件名。在修改文件名时不能改变文件路径，如果该路径下已有该文件，则会修改失败。

（15）setReadOnly 方法

　　public boolean setReadOnly()

该方法的作用是设置当前文件或文件夹为只读。

我们可以通过如下的示例测试上面的 File 类的相关方法。

【案例分析】FileDemo 类

```
import java. io. File；
/ * *
 * File 类使用示例
 */
public class FileDemo
{
    public static void main(String[] args)
    {
      //创建 File 对象
      File f1 = new File("d：//test");
      File f2 = new File("1. txt");
      File f3 = new File("e：//file. txt");
      File f4 = new File("d：//","1. txt");
      //创建文件
      Try
      {
        boolean b = f3. createNewFile();
      }
      catch(Exception e)
      {
        e. printStackTrace();
      }
      //判断文件是否存在
      System. out. println(f4. exists());
      //获得文件的绝对路径
      System. out. println(f3. getAbsolutePath());
      //获得文件名
      System. out. println(f3. getName());
      //获得父路径
      System. out. println(f3. getParent());
      //判断是否是目录
      System. out. println(f1. isDirectory());
      //判断是否是文件
      System. out. println(f3. isFile());
      //获得文件长度
      System. out. println(f3. length());
      //获得当前文件夹下所有文件和文件夹名称
      String[] s = f1. list();
      for(int i = 0；i < s. length；i++)
      {
      System. out. println(s[i]);
      }
```

```
//获得文件对象
File[] f5 = f1. listFiles();
for(int i = 0; i < f5. length; i++)
{
System. out. println(f5[i]);
}
//创建文件夹
File f6 = new File("e：//test//abc");
boolean b1 = f6. mkdir();
System. out. println(b1);
b1 = f6. mkdirs();
System. out. println(b1);
//修改文件名
File f7 = new File("e：//a. txt");
boolean b2 = f3. renameTo(f7);
System. out. println(b2);
//设置文件为只读
f7. setReadOnly();
}
}
```

▶ 8.3　I/O 类的使用

【任务 8-3】I/O 类的使用

前面介绍了流和文件的概念，但是这个概念对于初学者来说，还是比较抽象的，下面以实际的读取文件为例子，介绍流的概念，以及输入流的基本使用。

8.3.1　读取文件示例

【任务 8-3-1】如何读取文件

按照前面介绍的知识，将文件中的数据读入程序，是将程序外部的数据传入程序中，应该使用输入流——InputStream 或 Reader。而由于读取的是特定的数据源——文件，则可以使用输入对应的子类 FileInputStream 或 FileReader 实现。

在实际书写代码时，需要首先熟悉读取文件在程序中实现的过程。在 Java 语言的 IO 编程中，读取文件是分两个步骤：①将文件中的数据转换为流；②读取流内部的数据。其中第一个步骤由系统完成，只需要创建对应的流对象即可，对象创建完成以后步骤 1 就完成了，第二个步骤使用输入流对象中的 read 方法即可实现。

使用输入流进行编程时，代码一般分为 3 个部分：①创建流对象；②读取流对象内部的数据；③关闭流对象。下面以读取文件的代码示例：

【案例分析】ReadFile1. java

```
import java. io. * ;
/* *
* 使用 FileInputStream 读取文件
```

```
*/
public class ReadFile1
{
    public static void main(String[] args) {
    //声明流对象
    FileInputStream fis = null;
    Try
    {
        //创建流对象
        fis = new FileInputStream("e: //a. txt");
        //读取数据，并将读取到的数据存储到数组中
        byte[] data = new byte[1024]; //数据存储的数组
        int i = 0;    //当前下标
        //读取流中的第一个字节数据
        int n = fis. read();
        //依次读取后续的数据
        while(n ! = -1)
        {
            //未到达流的末尾
            //将有效数据存储到数组中
            data[i] = (byte)n;
            //下标增加
            i++;
            //读取下一个字节的数据
            n = fis. read();
        }
        //解析数据
        String s = new String(data, 0, i);
        //输出字符串
        System. out. println(s);
    }
    catch(Exception e)
    {
        e. printStackTrace();
    }
    Finally
    {
        Try
        {
            //关闭流，释放资源
            fis. close();
        }
        catch(Exception e){}
```

```
            }
        }
    }
```

在该示例代码中，首先创建一个 FileInputStream 类型的对象 fis：

fis = new FileInputStream("e：//a. txt")；

这样建立了一个连接到数据源 e：/a. txt 的流，并将该数据源中的数据转换为流对象 fis，以后程序读取数据源中的数据，只需要从流对象 fis 中读取即可。

读取流 fis 中的数据，需要使用 read 方法，该方法是从 InputStream 类中继承过来的方法，该方法的作用是每次读取流中的一个字节，如果需要读取流中的所有数据，需要使用循环读取，当到达流的末尾时，read 方法的返回值是−1。

在该示例中，首先读取流中的第一个字节：

int n = fis. read()；

并将读取的值赋值给 int 值 n，如果流 fis 为空，则 n 的值是−1，否则 n 中的最后一个字节包含的是流 fis 中的第一个字节，该字节被读取以后，将被从流 fis 中删除。

然后循环读取流中的其他数据，如果读取到的数据不是−1，则将已经读取到的数据 n 强制转换为 byte，即取 n 中的有效数据——最后一个字节，并存储到数组 data 中，然后调用流对象 fis 中的 read 方法继续读取流中的下一个字节的数据。一直这样循环下去，直到读取到的数据是−1，也就是读取到流的末尾则循环结束。

这里的数组长度是 1024，所以要求流中的数据长度不能超过 1024，该示例代码在这里具有一定的局限性。如果流的数据个数比较多，则可以将 1024 扩大到合适的个数即可。

经过上面的循环以后，就可以将流中的数据依次存储到 data 数组中，存储到 data 数组中有效数据的个数是 i 个，即循环次数。

其实截至这里，IO 操作中的读取数据已经完成，然后再按照数据源中的数据格式，这里是文件的格式，解析读取出的 byte 数组即可。

该示例代码中的解析，只是将从流对象中读取到的有效的数据，也就是 data 数组中的前 n 个数据，转换为字符串，然后进行输出。

在该示例代码中，只是在 catch 语句中输出异常的信息，便于代码的调试，在实际的程序中，需要根据情况进行一定的逻辑处理，例如给出提示信息等。

最后在 finally 语句块中，关闭流对象 fis，释放流对象占用的资源，关闭数据源，实现流操作的结束工作。

上面详细介绍了读取文件的过程，其实在实际读取流数据时，还可以使用其他的 read 方法，下面的示例代码是使用另外一个 read 方法实现读取的代码：

【案例分析】

```
import java. io. FileInputStream；
/* *
 * 使用 FileInputStream 读取文件
 */
public class ReadFile2
{
```

```
    public static void main(String[] args)
    {
        //声明流对象
        FileInputStream fis = null;
        Try
        {
            //创建流对象
            fis = new FileInputStream("e：//a. txt");
            //读取数据，并将读取到的数据存储到数组中
            byte[] data = new byte[1024];//数据存储的数组
            int i = fis. read(data);

            //解析数据
            String s = new String(data，0，i);
            //输出字符串
            System. out. println(s);
        }
        catch(Exception e)
        {
            e. printStackTrace();
        }
        finally
        {
            try{
                //关闭流，释放资源
                fis. close();
            }catch(Exception e){}
        }
    }
```

该示例代码中，只使用一行代码：

int i = fis. read(data);

就实现了将流对象 fis 中的数据读取到字节数组 data 中。该行代码的作用是将 fis 流中的数据读取出来，并依次存储到数组 data 中，返回值为实际读取的有效数据的个数。

使用该种方式在进行读取时，可以简化读取的代码。

当然，在读取文件时，也可以使用 Reader 类的子类 FileReader 进行实现，在编写代码时，只需要将上面示例代码中的 byte 数组替换成 char 数组即可。

使用 FileReader 读取文件时，是按照 char 为单位进行读取的，所以更适合于文本文件的读取，而对于二进制文件或自定义格式的文件来说，还是使用 FileInputStream 进行读取，方便对于读取到的数据进行解析和操作。

读取其他数据源的操作和读取文件类似，最大的区别在于建立流对象时选择的类

不同，而流对象一旦建立，则基本的读取方法一样，如果只使用最基本的 read 方法进行读取，则使用基本上是一致的。这也是 I/O 类设计的初衷，使得对于流对象的操作保持一致，简化 I/O 类使用的难度。

8.3.2　写文件示例

【任务 8-3-2】如何写文件

如前所述，将程序内部的数据输出到程序外部的数据源，应该使用 I/O 类体系中的输出流。在实际的编程中，将程序中的数据，例如用户设定或程序运行时生成的内容，存储到外部的文件中，应该使用输出流进行编程。

基本的输出流包含 OutputStream 和 Writer 两个，区别是 OutputStream 体系中的类(也就是 OutputStream 的子类)是按照字节写入的，而 Writer 体系中的类(也就是 Writer 的子类)是按照字符写入的。

使用输出流进行编程的步骤是：

1. 建立输出流

建立对应的输出流对象，也就是完成由流对象到外部数据源之间的转换。

2. 向流中写入数据

将需要输出的数据，调用对应的 write 方法写入到流对象中。

3. 关闭输出流

在写入完毕以后，调用流对象的 close 方法关闭输出流，释放资源。

在使用输出流向外部输出数据时，程序员只需要将数据写入流对象即可，底层的 API 实现将流对象中的内容写入外部数据源，这个写入的过程对于程序员来说是透明的，不需要专门书写代码实现。

在向文件中输出数据，也就是写文件时，使用对应的文件输出流，包括 FileOutputStream 和 FileWriter 两个类，下面以 FileOutputStream 为例子说明输出流的使用。示例代码如下：

【案例分析】

```
import java. io. * ;
/ * *
 * 使用 FileOutputStream 写文件示例
 * /
public class WriteFile1
{
  public static void main(String[] args) {
  String s = "Java 语言";
  int n = 100;
  //声明流对象
  FileOutputStream fos = null;
  Try
  {
    //创建流对象
    fos = new FileOutputStream("e: //out. txt");
```

```
            //转换为 byte 数组
            byte[] b1 = s. getBytes();
            //换行符
            byte[] b2 = "/r/n". getBytes();
            byte[] b3 = String. valueOf(n). getBytes();
            //依次写入文件
            fos. write(b1);
            fos. write(b2);
            fos. write(b3);
        }
        catch (Exception e)
        {
        e. printStackTrace();
        }
        Finally
        {
        try
            {
                fos. close();
            }catch(Exception e){ }
        }
        }
        }
```

该示例代码写入的文件使用记事本打开以后，内容为：

```
Java 语言
100
```

在该示例代码中，演示了将一个字符串和一个 int 类型的值依次写入到同一个文件中。在写入文件时，首先创建了一个文件输出流对象 fos：

```
fos = new FileOutputStream("e：//out. txt");
```

该对象创建以后，就实现了从流到外部数据源 e：/out. txt 的连接。说明：当外部文件不存在时，系统会自动创建该文件，但是如果文件路径中包含未创建的目录时将出现异常。这里书写的文件路径可以是绝对路径也可以是相对路径。

在实际写入文件时，有两种写入文件的方式：覆盖和追加。其中"覆盖"是指清除原文件的内容，写入新的内容，默认采用该种形式写文件；"追加"是指在已有文件的末尾写入内容，保留原来的文件内容，例如写日志文件时，一般采用追加。在实际使用时可以根据需要采用适合的形式，可以使用：

```
public FileOutputStream(String name, boolean append) throws FileNotFoundException
```

只需要使用该构造方法在构造 FileOutputStream 对象时，将第二个参数 append 的值设置为 true 即可。

流对象创建完成以后，就可以使用 OutputStream 中提供的 wirte 方法向流中依次写入数据了。最基本的写入方法只支持 byte 数组格式的数据，所以如果需要将内容写入文件，则需要把对应的内容首先转换为 byte 数组。

这里以如下格式写入数据：首先写入字符串 s，使用 String 类的 getBytes 方法将该字符串转换为 byte 数组，然后写入字符串"/r/n"，转换方式同上，该字符串的作用是实现文本文件的换行显示，最后写入 int 数据 n，首先将 n 转换为字符串，再转换为 byte 数组。这种写入数据的顺序以及转换为 byte 数组的方式就是流的数据格式，也就是该文件的格式。因为这里写的都是文本文件，所以写入的内容以明文的形式显示出来，也可以根据自己需要存储的数据设定特定的文件格式。

其实，所有的数据文件，包括图片文件、声音文件等，都是以一定的数据格式存储数据的，在保存该文件时，将需要保存的数据按照该文件的数据格式依次写入即可，而在打开该文件时，将读取到的数据按照该文件的格式解析成对应的逻辑即可。

最后，在数据写入到流内部以后，如果需要立即将写入流内部的数据强制输出到外部的数据源，则可以使用流对象的 flush 方法实现。如果不需要强制输出，则只需要在写入结束以后，关闭流对象即可。在关闭流对象时，系统首先将流中未输出到数据源中的数据强制输出，然后再释放该流对象占用的内存空间。

使用 FileWriter 写入文件时，步骤和创建流对象的操作都和该示例代码一致，只是在转换数据时，需要将写入的数据转换为 char 数组，对于字符串来说，可以使用 String 中的 toCharArray 方法实现转换，然后按照文件格式写入数据即可。

对于其他类型的字节输出流/字符输出流来说，只是在逻辑上连接不同的数据源，在创建对象的代码上会存在一定的不同，但是一旦流对象创建完成以后，基本的写入方法都是 write 方法，也需要首先将需要写入的数据按照一定的格式转换为对应的 byte 数组/char 数组，然后依次写入即可。

所以 I/O 类的这种设计形式，只需要熟悉该体系中的某一个类的使用以后，就可以触类旁通的学会其他相同类型的类的使用，从而简化程序员的学习，使得使用时保持统一。

8.3.3　读取控制台示例

【任务 8-3-3】读取控制台的使用

前面介绍了使用 I/O 类实现文件读写的示例，其实在很多地方还需要使用到 I/O 类，这里再以读取控制台输入为例子来介绍 I/O 类的使用。

控制台(Console)指无图形界面的程序，运行时显示或输入数据的位置，前面的介绍中可以使用 System.out.println 将需要输出的内容显示到控制台，本部分将介绍如何接受用户在控制台中的输入。

使用控制台输入是用户在程序运行时和程序进行交互的一种基础手段，这种手段是 Windows 操作系统出现以前，操作系统位于 DOS 时代时，用户和程序交互的主要手段。当然，现在这种交互的方式已经被图形界面(GUI)程序取代了。

在读取控制台操作中，操作系统在用户向控制台输入内容，并按回车键提交以后，将用户提交的内容传递给 Java 运行时系统，Java 运行时系统将用户输入的信息构造成一个输入流对象——System.in，在程序员读取控制台输入时，只需要从该流中读取数据即可。至于构造流 System. in 的过程对于程序员来说是透明的。

　　查阅 JDK API 可以发现，System 类中的静态属性 in 是 InputStream 类型的对象，可以按照输入流的读取方法读取即可。

　　【案例分析】下面的示例代码实现了输入"回显"的功能，即将用户输入的内容重新显示到控制台，示例代码如下：

```
/ * *
 * 读取控制台输入，并将输入的内容显示到控制台
 */
public class ReadConsole1
{
  public static void main(String[] args)
  {
  Try
  {
      //提示信息
      System. out. println("请输入:");
      //数组缓冲
      byte[] b = new byte[1024];
      //读取数据
      int n = System. in. read(b);
      //转换为字符串
      String s = new String(b, 0, n);
      //回显内容
      System. out. println("输入内容为:" + s);
  }
  catch(Exception e){}
  }
}
```

　　在该示例代码中，从 System. in 中读取出用户的输入，然后将用户输入的内容转换为字符串 s，然后输出该字符串的内容即可。

　　【案例分析】下面实现一个简单的逻辑，功能为：回显用户在控制台输入的内容，当用户输入 quit 时程序运行结束。实现的代码如下：

```
/ * *
 * 读取控制台输入
 * 循环回显内容，当输入 quit 时退出程序
 */
public class ReadConsole2
{
  public static void main(String[] args)
  {
    //数组缓冲
    byte[] b = new byte[1024];
```

```
        //有效数据个数
        int n = 0;
        try
        {
            while(true){
        //提示信息
        System. out. println("请输入：");
        //读取数据
        n = System. in. read(b);
        //转换为字符串
        String s = new String(b, 0, n - 2);
        //判断是否是 quit
        if(s. equalsIgnoreCase("quit"))
        {
            break；    //结束循环
        }
        //回显内容
        System. out. println("输入内容为：" + s);
        }
        }
        catch(Exception e){}
    }
}
```

在该示例代码中，加入了一个 while 循环，使得用户的输入可以进行多次，在用户输入时，送入输入流的内容除了用户输入的内容以外，还包含"/r/n"这两个字符，所以在将输入的内容和 quit 比较时，去掉读出的最后 2 个字符，将剩余的内容转换为字符串。

【案例分析】最后是一个简单的《掷骰子》的控制台小游戏，在该游戏中，玩家初始拥有 1000 的金钱，每次输入押大还是押小，以及下注金额，随机 3 个骰子的点数，如果 3 个骰子的总点数小于等于 9，则开小，否则开大，然后判断玩家是否押对，如果未押对则扣除下注金额，如果押对则奖励和玩家下注金额相同的金钱。该程序的示例代码如下：

```
/* *
 * 掷骰子游戏实现
 */
public class DiceGame
{
    public static void main(String[] args)
    {
        int money = 1000;//初始金钱数量
        int diceNum = 0;//掷出的骰子数值和
        int type = 0;//玩家押的大小
```

```java
 int cMoney = 0; //当前下注金额
boolean success; //胜负
//游戏过程
while (true)
{
    //输入大小
    System. out. println("请押大小(1 代表大，2 代表小)：");
    type = readKeyboard();
    // 校验
    if (! checkType(type))
    {
        System. out. println("输入非法，请重新输入!");
        continue;
    }
    // 输入下注金额
    while(true)
    {
        System. out. println("你当前的金钱数量是"+ money + "请下注：");
        cMoney = readKeyboard();
        // 校验
        if (! checkCMoney(money, cMoney))
        {
            System. out. println("输入非法，请重新输入!");
            continue;
        }
        else
        {
        break;
        }
    }
    // 掷骰子
    diceNum = doDice();
    // 判断胜负
    success = isSuccess(type, diceNum);
    // 金钱变化
    money = changeMoney(money, success, cMoney);
    // 游戏结束
    if(isEnd(money))
    {
        System. out. println("你输了，bye!");
        break;
    }
}
```

```
}
/ * *
    * 读取用户输入
    * @return 玩家输入的整数，如果格式非法则返回 0
    * /
public static int readKeyboard()
{
    try
    {
        //缓冲区数组
        byte[] b = new byte[1024];
        // 读取用户输入到数组 b 中
        // 读取的字节数量为 n
        int n = System. in. read(b);
        // 转换为整数
        String s = new String(b, 0, n - 2);
        int num = Integer. parseInt(s);
        return num;
    }
    catch (Exception e) {}
    return 0;
}
/ * *
    * 押的类型校验
    * @param type 类型
    * @return true 代表符合要求，false 代表不符合
    * /
public static boolean checkType(int type)
{
    if (type == 1 || type == 2)
    {
        return true;
    }
    else
    {
        return false;
    }
}
/ * *
    * 校验下注金额是否合法
    * @param money   玩家金钱数
    * @param cMoney   下注金额
    * @return true 代表符合要求，false 代表不符合要求
```

```
     * /
public static boolean checkCMoney(int money, int cMoney)
{
    if (cMoney <= 0)
    {
      return false;
    }
    else if (cMoney <= money)
    {
      return true;
    }
    else
    {
      return false;
    }
}
/* *
   * 掷骰子
   * @return 骰子的数值之和
   * /
public static int doDice()
{
  int n = (int) (Math. random() * 6) + 1;
  int n1 = (int) (Math. random() * 6) + 1;
  int n2 = (int) (Math. random() * 6) + 1;
  // 输出随机结果
  System. out. println("庄家开:" + n + " " + n1 + " " + n2);
  return n + n1 + n2;
}
/* *
   * 胜负判断
   * @param type   用户输入类型
   * @param diceNum   骰子点数
   * @return true 代表赢, false 代表输
   * /
public static boolean isSuccess(int type, int diceNum)
{
  // 计算庄家类型
  int bankerType = 0;
  if (diceNum <= 9)
  {
    bankerType = 2;
    System. out. println("庄家开小!");
```

```
        }
    else
    {
        bankerType = 1;
        System. out. println("庄家开大!");
    }
if(bankerType == type)
    { //赢
    return true;
    }
    else
    {
    //输
        return false;
    }
}
/ * *
    * 金钱变化
    * @param money 用户钱数
    * @param success 胜负
    * @param cMoney 下注金额
    * @return 变化以后的金钱
    * /
public static int changeMoney(int money, boolean success, int cMoney)
{
    if (success)
    {
        money += cMoney;
    }
    else
    {
        money -= cMoney;
    }
    System. out. println("剩余金额:" + money);
    return money;
}
/ * *
    * 判断游戏是否结束
    * @param money 玩家金钱
    * @return true 代表结束
    * /
public static boolean isEnd(int money)
{
```

```
            return money <= 0;
        }
    }
```

▶ 8.4　小结

本章中我们学习了 Java 中输入输出流及文件的使用，并示例说明输入输出流的使用。关于 I/O 类的使用，还需要在实际开发过程中多进行使用，从而更深入地体会 I/O 类设计的初衷，并掌握 I/O 类的使用。

另外，I/O 类是 Java 中进行网络编程的基础，所以熟悉 I/O 类的使用也是学习网络编程必需的一个基础。

习题八

1. 简答题

(1)试列出 6 个输入输出流类，并指出最基本的输入输出流类是什么？

(2)FileInputStream 类和 FileOutputStream 类实现了何种功能？

2. 程序设计题

(1)用 Java 接收键盘输入的内容(包括中文，英文，特殊字符)并通过字符输出到屏幕上，并对读入字符数进行计数。

(2)写一个程序从键盘输入一个字符，输出这个字符和其对应的整数数值，并设立一个结束标志。

第 9 章　常用组件及事件处理

一个应用软件基于图形界面的操作经常会用到，如设计一个用户注册的界面，或一个调查问卷等，都会用到如按钮、标签、文本框、选择框、窗口、面板等各种组件。本章将介绍基本常用组件创建及应用。并分别介绍与它们有关的事件处理。通过这些选择功能组件的学习，程序设计者可以开发出像调查问卷等这样的程序。

本章要点

● 窗口、面板容器的特性。
● 常用组件的特性。
● 事件处理方法。

▶ 9.1　Java 中常用组件概述

Swing 是 GUI(图形用户界面)开发工具包，在 AWT(抽象窗口工具包)基础上使开发跨平台的 Java 应用程序界面成为可能。早期的 AWT 组件开发的图形用户界面要依赖于本地系统，当把 AWT 组件开发的应用程序移植到其他平台的系统上运行时，并不能保证其外观风格，因此 AWT 组件是依赖于本地系统平台的。

AWT 出现在 Swing 之前，在 AWT 中提供了很多基本的组件，并且提供了很多事件的接口，但是用 AWT 开发界面时依赖于操作系统，所以在 AWT 基础上开发出了 Swing 技术。

在 Swing 中丰富了界面组件，使界面元素更加多元化。在 Swing 中最大的进步就是脱离了操作系统，它是纯 Java 语言开发的，所以具有 Java 跨平台的特点。

虽然 Swing 在 AWT 的基础上做了很大的改动，但是 Swing 是不能彻底替代 AWT 的，因为在 Swing 中并没有开发属于自己的事件操作，而是直接使用 AWT 中的，所以在界面开发中通常是它们结合在一起进行开发。但控件通常都是使用 Swing 技术的。

我们看一下 Swing 的组件类结构图，如图 9-1 所示。

从这个图中我们可以看到各组件的继承关系，其中 J 开头的都属于 Swing 包中的类。Swing 技术很多都是从 AWT 中继承下来的，自然 AWT 中的常用方法，在 Swing 中也可以使用，下表是 component 类中的常用方法，这些常用方法可以直接集成到子类中使用。

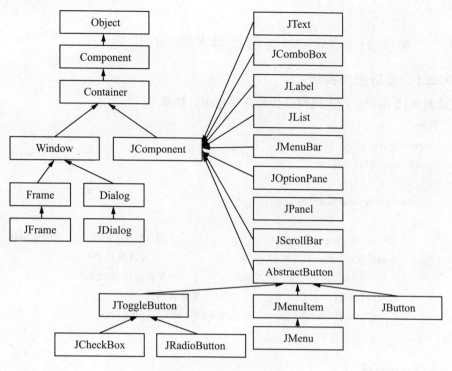

图 9-1　组件类结构图

表 9-1　component 常用方法

常用方法	功　能
Font　getFont()	获取组件的字体
Color　getForeground()	获取组件的前景色
int getHeight()	返回组件的当前高度
String　getName()	获取组件的名称
boolean isEnabled()	确定此组件是否已启用
void setBackground(Color c)	设置组件的背景色
void setEnabled(boolean b)	根据参数 b 的值启用或禁用此组件
void setFont(Font f)	设置组件的字体
void setForeground(Color c)	设置组件的前景色
void setSize(int width, int height)	调整组件的大小，使其宽度为 width，高度为 height
void setVisible(boolean b)	根据参数 b 的值显示或隐藏此组件

9.2 实例 15：Java 中容器组件的使用

9.2.1 窗口应用实例

【实例 9-1】编译运行下列程序代码，写出运行结果。

1. 代码

```
import javax. swing. JFrame;
public class JFrameTest
{
    public static void main(String[] args)
    {
        JFrame jf＝new JFrame();                    //创建 JFrame 对象，从而创建窗体
        jf. setTitle("第一个界面程序");              //设置窗体名称
        jf. setBounds(100，100，300，300);          //设置窗体位置和大小
        jf. setVisible(true);                       //设置窗体可见
        jf. setDefaultCloseOperation(JFrame. EXIT_ON_CLOSE);
    }
}
```

2. 调试运行程序

结果如图 9-2 所示。

图 9-2 运行结果

9.2.2 窗口 JFrame

JFrame 框架窗体是 javax. swing 包中的一个类，该类既是一个组件，同时也是一个容纳 Swing 其他组件的容器。在开发 Java 应用程序时，通常使用 JFrame 类或 JFrame 类的子类创建窗体，并在窗体上放置菜单、工具栏和其他组件以完成应用程序界面的设计。

1. 构造方法

(1)JFrame()：构造一个初始时不可见的新窗体

(2)JFrame(String title)：创建一个新的、初始不可见的、具有指定标题 title 的新窗体。

2. 常用方法

表 9-2　常用方法

常用方法	功　能
String getTitle()	获得窗体的标题
void setTitle(String title)	将此窗体的标题设置为指定的字符串
Component add(Component comp)	在框架中添加组件 comp
void pack()	调整此窗口的大小，以适合其子组件的首选大小和布局
void remove(Component comp)	从该容器中移除指定组件
void setLayout(LayoutManager manager)	设置布局方式
void setResizable(boolean resizable)	设置此窗体是否可由用户调整大小
void setBounds(int x, int y, int width, int height)	移动组件并调整其大小。由 x 和 y 指定左上角的新位置，由 width 和 height 指定新的大小。
void setDefaultCloseOperation(int operation)	单击窗体右上角的关闭图标后，程序做出处理。其中 operation 取值与实现的功能如下： static intDISPOSE_ON_CLOSE：移除窗口的默认窗口关闭操作。 static intDO_NOTHING_ON_CLOSE：无操作默认窗口关闭操作。 static intEXIT_ON_CLOSE：退出应用程序默认窗口关闭操作。 static intHIDE_ON_CLOSE：隐藏窗口的默认窗口关闭操作。

9.2.3　面板应用实例

【实例 9-2】编译运行下列程序代码，写出运行结果。

1. 代码

```
import java. awt. Color;
import javax. swing. * ;              //导入 swing 包
public class JFramePanelTest extends JFrame    //继承 JFrame 类
{
    JPanel p=new JPanel();
    public JFramePanelTest()
    {
        add(p);    //在窗口中添加面板
```

```
            p. setBackground(Color. red);
            this. setTitle("第二个界面程序");                    //设置窗体名称
            this. setBounds(100，100，300，150);                //设置窗体位置和大小
            this. setVisible(true);                            //设置窗体可见
            this. setDefaultCloseOperation(JFrame. EXIT_ON_CLOSE);
        }
        public static void main(String[] args)
        {
            new JFramePanelTest();
        }
    }
```

2. 调试运行程序

结果如图 9-3 所示。

图 9-3　运行结果

9.2.4　面板 JPanel

面板 JPanel 也是一种容器，但与 JFrame 区别的是，面板是没有标题条，没有边界框的一种容器，在进行 Java 程序开发时，经常需要使用面板容器来实现复杂界面的设计。可以在该面板容器中添加组件，然后再将面板添加到其他容器中，从而实现容器的嵌套使用。

JPanel 类在 javax. swing 包中，可以通过 JPanel 类的构造方法创建面板对象，下面是常用的构造方法。

(1)JPanel()：创建一个默认布局的新面板。

(2)JPanel(LayoutManager layout)：创建一个具有指定布局的新面板。

面板的使用比较简单，我们在学习布局管理时应用面板的用法。

▶ 9.3　实例 16：Java 中常用组件的使用

9.3.1　按钮组件应用实例

【实例 9-3】编译运行下列程序代码，写出运行结果。

1. 代码

```
    import java. awt. * ;
    import javax. swing. * ;
```

```
import java. net. * ;
public class JButtonTest{
  JFrame f；
  JPanel p；
  JButton b1，b2，b3；

  public JButtonTest(){
    f＝new JFrame("按钮")；
    p＝new JPanel()；
    b1＝new JButton()；                              //创建一个无文字无图标的按钮
    b2＝new JButton("按钮 2")；           //创建一个具有指定文字的按钮
    URL url＝JButtonTest. class. getResource("/images/bmw. png")；      //获得图片的 url
    Icon icon＝new ImageIcon(url)；      //创建一个图标对象
    b3＝new JButton(icon)；                       //创建一个有指定图标的按钮
    f. add(p)；
    p. add(b1)；
    p. add(b2)；
    p. add(b3)；
    f. setSize(300，150)；
    f. setVisible(true)；
  }
  public static void main(String args[]){
    new JButtonTest()；
  }
}
```

2. 调试运行程序

结果如图 9-4 所示。

图 9-4   运行结果

在例 9-3 中生成了三个按钮，第一个无文字无图标，所以按默认的最小状态出现，第二个只存在文字，按钮按文字的大小存在，第三个按钮上只有图标，所以按图标的大小存在。对于含有图片的按钮，首先要创建图片的 URL，URL 是 java. net 包中的类，然后使用 ImageIcon 类的构造方法创建了一个具有指定图片 URL 的图标对象，最后引用了一个具有指定图标的按钮对象。

9.3.2 按钮 JButton

按钮是 Java 应用程序中常用的组件，可以用于执行特定的动作，如输入完信息后，单击"确定"按钮，用户登录时单击"登录"按钮，游戏开始时单击"开始"按钮等，这些就是按钮组件。

1. 构造方法

(1)JButton()：创建不带有设置文本或图标的按钮。

(2)JButton(String text)：创建一个带文本的按钮。

(3)JButton(Icon icon)：创建一个带图标的按钮。

(4)JButton(String text，Icon icon)：创建一个带初始文本和图标的按钮。

2. 常用方法

(1)public void setText(String text)：重置当前按钮上的文字。

(2)public String getText()：获取当前按钮上的文字。

(3)public void setIcon(Icon icon)：重置当前按钮上的图标。

9.3.3 标签组件应用实例

【实例 9-4】编译运行下列程序代码，写出运行结果。

1. 代码

```
import javax. swing. * ;                              //导入 swing 包
public class JLabelTest extends JFrame{
  public JLabelTest(){
      setTitle("创建标签界面");                        //设置窗体标题
      JLabel jl＝new JLabel();                        //使用 JLael 类无参构造函数创建标签
      jl. setText("我是标签");             //设置标签要显示的信息
      jl. setHorizontalAlignment(JLabel. LEFT)；    //设置标签水平方向对齐方式为居左
      jl. setVerticalAlignment(JLabel. BOTTOM)；        //设置标签垂直方向对齐方式为居下
方式为居下
      add(jl)；                                        //将标签添加到窗体中
      System. out. println("标签信息为:"＋jl. getText()); //获取标签信息
      setSize(300, 150)；               //设置窗体大小
      setVisible(true)；                    //设置窗体可见
      setDefaultCloseOperation(JFrame. EXIT_ON_CLOSE)；
  }
  public static void main(String[] args){
      new JLabelTest();
  }
}
```

2. 调试运行程序

结果如图 9-5 所示。

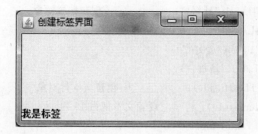

图 9-5　运行结果

9.3.4　标签 JLabel

标签组件可以用于显示简短的描述信息、图像或两者均显示，主要用于对用户界面或其他组件进行说明或显示图像。

1. 构造方法

(1)JLabel()：创建无图像并且其标题为空字符串的 JLabel。

(2)JLabel(Icon image)：创建具有指定图像的 JLabel 实例。

(3)JLabel(String text)：创建具有指定文本的 JLabel 实例。

2. 常用方法

(1)public void setText(String text)：重置当前标签上的文字。

(2)public String getText()：获取当前标签上的文字。

(3)public void setIcon(Icon icon)：重置当前标签上的图标。

(4)public void setHorizontalAlignment(int alignment)：设置标签内容沿 X 轴的对齐方式。参数 alignment 的取值范围为 JLabel. LEFT、JLabel. CENTER(只显示图像的标签的默认值)、JLabel. RIGHT、JLabel. LEADING(只显示文本的标签的默认值)或 JLabel. TRAILING。

(5)public void setVerticalAlignment(int alignment)：设置标签内容沿 Y 轴的对齐方式。参数 alignmet 的取值范围为 JLabel. TOP、JLabel. CENTER(默认)或 JLabel. BOTTOM。

9.3.5　文本框组件应用实例

【实例 9-5】编译运行下列程序代码，写出运行结果。

1. 代码

```
import javax. swing. * ;
import java. awt. * ;

public class JTextFieldTest extends JFrame{
    JLabel lXm, lXb, lAh, lJg;        //声明标签组件
    JTextField tXm, tXb, tAh, tJg;        //声明文本行组件
    JPanel p;            //声明面板组件
  JButton button;                //声明按钮组件

    public JTextFieldTest ( ){
    this. setTitle("信息录入");        //创建框架对象
```

```
            lXm=new JLabel("姓名:");              //创建标签对象
            lXb=new JLabel("性别:");
            lAh=new JLabel("爱好:");
            lJg=new JLabel("籍贯:");
            tXm=new JTextField();                //创建文本行对象
            tXm. setColumns(10);        //设置文本框占 10 列
            tXb=new JTextField("男");
            tXb. setColumns(10);
            tAh=new JTextField(10);
            tJg=new JTextField("山东", 10);
            button=new JButton("确定");          //创建按钮对象
            this. setLocation(100, 100);
            this. setSize(200, 200);
            p=new JPanel( );                     //创建面板对象
            p. add(lXm); p. add(tXm);            //将组件加入面板中
            p. add(lXb); p. add(tXb);
            p. add(lAh); p. add(tAh);
            p. add(lJg); p. add(tJg);
            p. add(button);
            this. add(p);
            this. setVisible(true);
        }
        public static void main(String args[ ]){
            new JTextFieldTest( );
        }
    }
```

2. 调试运行程序

结果如图 9-6 所示。

图 9-6 运行结果

9.3.6 文本框 JTextField

文本框在实际开发中用处非常大，如注册信息时填写的用户名、邮箱等。文本框顾名思义只能添加单行文本，也就是不能进行换行输入信息，当信息超过文本行组件的最大容量时，会自动滚动信息进行输入。

1. 构造方法

(1)JTextField()：构造一个新的 TextField。

(2)JTextField(int columns)：构造一个具有指定列数的新的空 TextField。

(3)JTextField(String text)：构造一个用指定文本初始化的新 TextField。

(4)JTextField(String text，int columns)：构造一个用指定文本和列初始化的新 TextField。

2. 常用方法

(1)public String getText()：获得文本框组件中的文本。

(2)public void setText(String text)：将指定文本设置为文本框中内容。

(3)public void requestFocus()：文本框组件获得输入焦点。

(4)setColumns(int columns)：设置文本框中的列数，然后验证布局。

9.3.7　密码框组件应用实例

【实例 9-6】编译运行下列程序代码，写出运行结果。

1. 代码

```
import javax. swing. * ;
import java. awt. * ;

public class DengLuFrame{
  JFrame f;
  JLabell1，l2；
  JPanel p；
  JTextField t；
  JPasswordField pf；
  JButton b；
  public DengLuFrame(){
    f＝new JFrame("用户登录");
    p＝new JPanel();
    11＝new JLabel("用户名");
    12＝new JLabel("密码      ");
    t＝new JTextField(10);
    pf＝new JPasswordField(10);
    pf. setEchoChar('＊');          //设置回显字符为＊
    b＝new JButton("登录");
    f. add(p);
    p. add(11);
    p. add(t);
    p. add(12);
    p. add(pf);
    p. add(b);
    p. setBackground(Color. red);      //设置 p3 面板背景色为红色
    f. setSize(200，150);
```

```
        f. setLocation(400，300);          //设置窗口左上角在屏幕中的位置
        f. setDefaultCloseOperation(JFrame. EXIT_ON_CLOSE);
        f. setVisible(true);

    }
    public static void main(String args[]){
        new DengLuFrame();
    }
}
```

2. 调试运行程序

结果如图 9-7 所示。

图 9-7   运行结果

9. 3. 8   密码框 JPasswordField

密码框是一种特殊的文本框,对输入到密码框中的内容以某个指定字符(如"＊")来显示,通过这种形式对输入的内容起到保护的作用。JPasswordField 类是继承于 JTextField 类,因此密码框具有文本框的所有操作。

1. 构造方法

(1)JPasswordField():创建一个空的密码框。

(2)JPasswordField(int columns):创建一个具有指定列数的密码框。

(3)JPasswordField(String text):创建一个利用指定文本初始化的密码框。

(4)JPasswordField(String text，int columns):创建一个利用指定文本和列初始化的新密码框。

2. 常用方法

(1)public char[] getPassword():获得密码框中所包含文本的字符数组。

如:

JPasswordField password＝new JPasswordField("mima");   //创建一个具有初始文本的密码框

char[] charPassword＝password. getPassword();   //获得密码框中所包含文本的字符数组

String pwd＝new String(charPassword);   //将字符数组转换为字符串

(2)public void setEchoChar(char c):设置密码框的回显字符。

(3)public void setEditable(boolean b):设置文本的可编辑性。当参数值为 false

时，只能显示，不能修改。

9.3.9　文本区组件应用实例

【实例 9-7】编译运行下列程序代码，写出运行结果。

1. 代码

```
import javax. swing. * ;
import java. awt. * ;

public class JTextAreaTest extends JFrame{
  JTextArea ta1；
  JScrollPane s1；　　//创建滚动面板对象

  public JTextAreaTest( )　　{
    ta1＝new JTextArea("I'm learning java! what are you doing!");
    ta1. setLineWrap(true)；　　　　　　　//设置自动换行
    s1＝new JScrollPane(ta1)；　　　　　　//将文本区加入滚动面板
    add(s1)；
    setSize(150，150)；
    setVisible(true)；
    setDefaultCloseOperation(JFrame. EXIT_ON_CLOSE)；
  }
  public static void main(String arg[ ])　　　{
    new JTextAreaTest( )；
  }
}
```

2. 调试运行程序

结果如图 9-8 所示。

图 9-8　运行结果

在本例中这个文本区设置了自动换行，如果内容超出一行的范围，可以自动换行。JScrollPane 类是滚动面板类，JScrollPane 类可以自动生成滚动条，如图 9-8 所示文本区内容超出显示范围，生成的垂直滚动条。

9.3.10　文本区 JTextArea

文本框和密码框都是单行输入和显示，对于大段文字的输入和显示，文本框是不能实现的。使用 JTextArea 类创建文本区可以实现换行输入和显示信息。在实际的开发中，可以使用文本区使用户填写意见或建议等信息。

1. 构造方法

(1)JTextArea()：创建新的文本区。

(2)JTextArea(int rows，int columns)：创建具有指定行数和列数的新的空文本区。

(3)JTextArea(String text)：创建显示指定文本的新的文本区。

(4)JTextArea(String text，int rows，int columns)：创建具有指定文本、行数和列数的新的文本区。

2. 常用方法

(1)public void setText(String s)：设置文本区中的内容。

(2)public String getText()：获取文本区中的文本。

(3)public void append(String s)：在文本区尾部添加文本内容。

(4)public viod insert(String s，int position)：在文本区指定位置添加文本。

(5)public void replaceRange(String str，int start，int end)：用给定的新文本替换从指示的起始位置到结尾位置的文本。

(6)public void setLineWrap(boolean wrap)：设置文本区是否自动换行。

(7)public void setSelectionStart(int position)：设置要选中文本的起始位置。

(8)public void setSelectionEnd(int position)：设置要选中文本的终止位置。

9.3.11　单选按钮和复选框组件应用实例

【实例 9-8】编译运行下列程序代码，写出运行结果。

1. 代码

```
import java. awt. * ;
import javax. swing. * ;


public class JRadioCheck extends JFrame{
  JRadioButton rb1, rb2;    //单选按钮
  ButtonGroup bg;              //单选按钮组
  JPanel p;
  public JRadioCheck(){
    bg＝new ButtonGroup();     //创建按钮组
    rb1＝new JRadioButton("男", true); //创建一个默认选中状态的单选按钮
    rb2＝new JRadioButton("女", false); //创建一个默认未选中状态的单选按钮
    bg. add(rb1);       //将单选按钮添加到按钮组
    bg. add(rb2);       //将单选按钮添加到按钮组
    JCheckBox cb[]＝{new JCheckBox("看书", true), new JCheckBox("音乐"), new
JCheckBox("游泳"), new JCheckBox("上网")}; //创建复选框数组同时初始化
    p＝new JPanel();
    add(p);
    p. add(rb1);
    p. add(rb2);
    for(int i＝0; i<cb. length; i++){
```

```
            p. add(cb[i]);
        }
        setSize(200, 100);
        setVisible(true);
    }
    public static void main(String args[]){
        new JRadioCheck();
    }
}
```

2. 调试运行程序

结果如图 9-9 所示。

图 9-9　运行结果

9.3.12　相关知识点

1. 单选按钮 JRadioButton

单选按钮通常用在从多个选项中选择其中一项，如用户注册在选择性别一项时。只能选择一个时，需要使用单选按钮来进行定义。

通过 JRadioButton 类可以生成多个单选按钮对象，但这样创建出来的单选按钮选项是相互独立的，也就是说每一个单选按钮都可以选中。如果要完成只能选择一项的功能，则需要把生成的单选按钮对象放到一个组里，这样就可以从一个组里选择一项了。

按钮组类由 ButtonGroup 类来定义，可以通过 add()方法添加组成员，也可以使用 remove()方法删除组选项。

a. 构造方法

（1）JRadioButton()：创建一个初始化为未选择的单选按钮，其文本未设定。

（2）JRadioButton(Icon icon)：创建一个初始化为未选择的单选按钮，其具有指定的图像但无文本。

（3）JRadioButton(Icon icon, boolean selected)：创建一个具有指定图像和选择状态的单选按钮，但无文本。

（4）JRadioButton(String text)：创建一个具有指定文本的状态为未选择的单选按钮。

（5）JRadioButton(String text, boolean selected)：创建一个具有指定文本和选择状态的单选按钮。

（6）JRadioButton(String text, Icon icon)：创建一个具有指定的文本和图像并初始化为未选择的单选按钮。

（7）JRadioButton（String text，Icon icon，boolean selected）：创建一个具有指定的文本、图像和选择状态的单选按钮。

b. 常用方法

（1）public String getText()：获得单选按钮上显示的文本。

（2）pubic void setText(String s)：设置文本显示在单选按钮上。

（3）public void setSelected(Boolean arg)：设置单选按钮是否处于选择状态。

（4）public Boolean isSelected()：获得单选按钮的当前选择状态。

c. 按钮组

ButtonGroup()：创建一个按钮组。

例如：

ButtonGroup bg＝new ButtonGroup();　　　//创建按钮组

JRadioButton rb1＝new JRadioButton("男"，true);//创建一个默认选中状态的单选按钮

JRadioButton rb2＝new JRadioButton("女"，false);//创建一个默认未选中状态的单选按钮

bg. add(rb1);　　　//将单选按钮添加到按钮组

bg. add(rb2);　　　//将单选按钮添加到按钮组

2. 复选框 JCheckBox

复选框是可以从多个选项中选择多个选项，例如选择个人的爱好，一个人可能有多种爱好，如音乐、美术、游泳等，这些可以通过复选框组件进行选择。

a. 构造方法

（1）JCheckBox()：创建一个没有文本、没有图标并且最初未被选定的复选框。

（2）JCheckBox(Icon icon)：创建有一个图标、最初未被选定的复选框。

（3）JCheckBox(Icon icon，boolean selected)：创建一个带图标的复选框，并指定其最初是否处于选定状态。

（4）JCheckBox(String text)：创建一个带文本的、最初未被选定的复选框。

（5）JCheckBox(String text，boolean selected)：创建一个带文本的复选框，并指定其最初是否处于选定状态。

（6）JCheckBox(String text，Icon icon)：创建带有指定文本和图标的、最初未选定的复选框。

（7）JCheckBox(String text，Icon icon，boolean selected)：创建一个带文本和图标的复选框，并指定其最初是否处于选定状态。

b. 常用方法

（1）public String getText()：获得复选框上显示的文本。

（2）pubic void setText(String s)：设置文本显示在复选框上。

（3）public void setSelected(Boolean arg)：设置复选框是否处于选择状态。

（4）public Boolean isSelected()：获得复选框的当前选择状态。

9.3.13　组合框组件应用实例

【**实例 9-9**】编译运行下列程序代码，写出运行结果。

1. 代码

```
import java.awt.BorderLayout;          //导入边框布局类
import javax.swing.*;                  //导入控件所在的 swing 包


public class JComboBoxTest extends JFrame {
    JLabel jl1=new JLabel("请选择你的学历");  //创建选择标签
    JPanel jp=new JPanel();              //创建面板
    String[] ss={"博士","硕士","本科","专科","高中","初中及以下"};       //创建选
项组成的数组
    JComboBox jcb=new JComboBox(ss);     //创建下拉列表

    public JComboBoxTest()  {
        this.add(jp);        //将面板添加到窗体的中间
        this.setTitle("创建下拉列表");          //设置窗体标题
        jp.add(jl1);         //将选择标签放在上边
        jp.add(jcb);                   //将下拉列表添加到面板中
        this.setBounds(100,100,300,200);     //设置窗体位置和大小
        this.setVisible(true);               //设置窗体可见
        this.setDefaultCloseOperation(JFrame.EXIT_ON_CLOSE);
    }
    public static void main(String[] args){
        new JComboBoxTest();
    }
}
```

2. 调试运行程序

结果如图 9-10 所示。

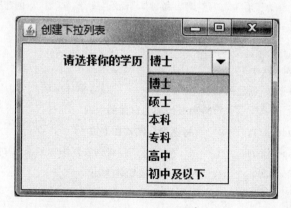

图 9-10　运行结果

9.3.14 组合框 JComboBox

组合框也称为下拉列表框,用户可以从打开的下拉列表中选择项目。组合框的项目列表只有在用户单击右侧的倒三角按钮时才显示,当用户从项目列表中选择列表项目后会自动隐藏。组合框每次只能选择一个选项。

1. 构造方法

(1)JComboBox():创建具有默认数据模型的组合框。

(2)JComboBox(Object[] items):创建包含指定数组中的元素的组合框。

2. 常用方法

(1)public void addItem(Object object):为组合框添加列表项。

(2)public int getItemCount():获得组合框中列表项的个数。

(3)public Objetc getSelectedItem():获得组合框中当前选择的列表项。

(4)public void removeAllItems():移除组合框中的全部列表项。

(5)public void removeItem(Object object):从组合框中移除参数指定的列表项。

(6)public void setSelectedItem(Object object):将组合框显示区域中的列表项设置为参数指定的对象。

9.3.15 列表框组件应用实例

【实例 9-10】编译运行下列程序代码,写出运行结果。

1. 代码

```
import java. awt. BorderLayout;        //导入边框布局类
import javax. swing. *;                //导入控件所在的 swing 包

public class JListTest extends JFrame {
    JLabel jl1=new JLabel("请选择你的爱好");        //创建选择标签
    JPanel jp=new JPanel(); //创建面板
    String[] ss={"看书","跑步","游泳","音乐"};        //创建选项组成的数组
    JList jlist=new JList(ss);                //创建列表框

    public JListTest(){
        setTitle("创建列表框");                //设置窗体标题
        add(jp);        //将面板添加到窗体的中间
        jp. add(jl1);        //将选择标签放在上边
        jp. add(jlist);                //将列表框添加到面板中
        setSize(300, 150);        //设置窗体大小
        setVisible(true);                //设置窗体可见
        setDefaultCloseOperation(JFrame. EXIT_ON_CLOSE);
    }
    public static void main(String[] args){
```

```
                new JListTest();
        }
    }
```

2. 调试运行程序

结果如图 9-11 所示。

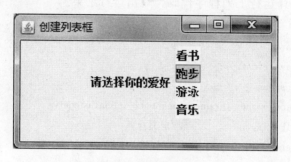

图 9-11   运行结果

9.3.16   列表框 JList

列表框也是一种选择类组件，列表框的选项以一列的形式来显示，列表框可以进行单选，也可以通过键盘中 Ctrl 键和鼠标结合进行多项选择。但列表框有一个缺陷，如果列表框显示不下所以列表项时，多出的列表项会被隐藏。

1. 构造方法

(1)JList()：创建一个空的列表框。

(2)JList(Object[] listData)：创建一个框，使其显示指定数组中的元素。

2. 常用方法

(1)public Object getSelectedValue()：返回所选的第一个值，如果选择为空，则返回 null。

(2)public Object[] getSelectedValues()：获取列表中所有被选中的选项。

(3)public int[] getSelectedInedices()：获取列表中所有被选中的选项的索引编号。

▶ 9.4   事件处理概述

对于图形用户界面来说，事件的处理是必不可少的，通过事件可以使程序和用户进行交互，从而增加用户的体验。如前面的例子只有界面，登录后输入用户名和密码，这就需要事件的处理，对比用户名和密码是否正确，正确可以登录，不正确需要重新登录。

图形用户界面通过事件机制进行用户和程序的交互响应。产生事件的组件称为事件源。如登录时的登录按钮，单击"登录"按钮，可以进行登录，则"登录"按钮就是事件源。产生事件时需要编写处理事件的程序，当产生事件时调用处理事件的方法，从而达到用户与程序的交互。

▶ 9.5 实例 16：事件处理应用

9.5.1 动作事件应用实例

【**实例 9-11**】编译运行下列程序代码，写出运行结果。

1. 代码

```java
import java.awt. * ;
import java.awt.event. * ;
import javax.swing. * ;
class Calculator extends JFrame implements ActionListener{
    JLabel jl1，jl2，jl3;          //定义标签
    JTextField jt1，jt2，jt3;        //定义文本框
    JButton jb1，jb2，jb3，jb4;       //定义按钮
    JPanel jp;          //定义面板
    Calculator(){
        jp＝new JPanel();
        jl1＝new JLabel("第一个数:");
        jl2＝new JLabel("第二个数:");
        jl3＝new JLabel("运算结果:");
        jt1＝new JTextField(10);
        jt2＝new JTextField(10);
        jt3＝new JTextField(10);
        jt3.setEditable(false);      //jt3 设置为不可编辑
        jb1＝new JButton("＋");
        jb2＝new JButton("－");
        jb3＝new JButton(" * ");
        jb4＝new JButton("/");
        jp.setLayout(new FlowLayout(FlowLayout.CENTER));      //设置面板的布局方式
        jp.add(jl1);        //将组件添加到面板 jp 中去
        jp.add(jt1);
        jp.add(jl2);
        jp.add(jt2);
        jp.add(jl3);
        jp.add(jt3);
        jp.add(jb1);
        jp.add(jb2);
        jp.add(jb3);
        jp.add(jb4);
        add(jp);        //将面板 jp 添加到窗口中去
        jb1.addActionListener(this);        //注册监听事件
```

```
        jb2. addActionListener(this);
        jb3. addActionListener(this);
        jb4. addActionListener(this);
    }
    public void actionPerformed(ActionEvent e){      //事件响应
        String s1=jt1. getText();
        String s2=jt2. getText();
        Double d1=new Double(s1);
        double num1=d1. doubleValue();
        double num2=new Double(s2);      //将字符串转为 double 型数据
        if(e. getSource()==jb1){        //判断事件源是否为 jb1
            double total=num1+num2;
            String s3=(new Double(total)). toString();      //将结果转为字符串
            jt3. setText(s3);
        }
        else if(e. getSource()==jb2){
            double total=num1-num2;
            String s3=(new Double(total)). toString();
            jt3. setText(s3);
        }
        else if(e. getSource()==jb3){
            double total=num1 * num2;
            String s3=(new Double(total)). toString();
            jt3. setText(s3);
        }
        else if(e. getSource()==jb4){
            double total=num1/num2;
            String s3=(new Double(total)). toString();
            jt3. setText(s3);
        }
    }
}
class CalculatorMain{
    public static void main(String args[]){
        Calculator   c=new Calculator();
        c. setTitle("四则运算");      //设置窗口标题
        c. setSize(200, 150);       //设置窗口尺寸
        c. setLocation(400, 300);       //设置窗口位置
        c. setDefaultCloseOperation(JFrame. EXIT_ON_CLOSE);  //设置窗口关闭按钮
        c. setVisible(true);      //设置窗口可见
    }
}
```

2. 调试运行程序

结果如图 9-12 所示。

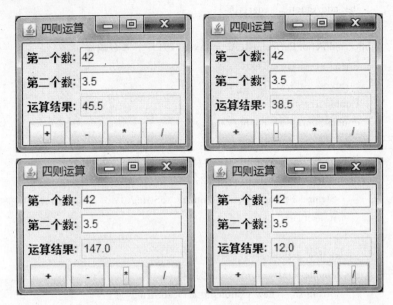

图 9-12　运行结果

9.5.2　事件处理

在事件的处理中主要有四步：

(1)导入 java.awt.event 包，import java.awt.event.*。

(2)在类定义时，实现事件所对应的接口。如动作事件，implements ActionListener。

(3)对事件源进行注册监听。如动作事件，事件源.addActionListener(this)。

(4)重写事件接口中的所有方法。如动作事件，public void ationPerformed(Action-Event e)。

在 Java 中，AWTEvent 类是所有事件类的最上层，它继承了 java.util.EventObject 类，而 java.util.EventObject 类又继承了 java.lang.Object 类。

Java 把事件类大致分为两种：语义事件(semantic events)与底层事件(low-level events)。语义事件直接继承自 AWTEvent 类，如 ActionEvent、AdjustmentEvent 与 ItemEvent 等。底层事件则是继承自 ComponentEvent 类，如 ContainerEvent、FocusEvent、WindowEvent 与 KeyEvent 等。

Java 中常用的语义事件列表如表 9-3 所示。

表 9-3　语义事件列表

事件名称	事件说明	事件源组件	事件触发条件
ActionEvent	动作事件	JButton JTextField JComboBox JMenuItem	单击按钮、选择菜单项、选择列表项、文本框中输入回车等

续表

事件名称	事件说明	事件源组件	事件触发条件
ItemEvent	选项事件	JCheckBox JRadioButton JList JComboBox	选择列表选项
AdjustmentEvent	调整事件	JScrollBar	调整滚动条

Java 中常用的底层事件如表 9-4 所示。

表 9-4   底层事件列表

事件名称	事件说明	事件的触发条件
ComponentEvent	组件事件	缩放、移动、显示或隐藏组件
InputEvent	输入事件	操作键盘或鼠标
KeyEvent	键盘事件	键盘键被按下或释放
MouseEvent	鼠标事件	鼠标移动、拖动或鼠标键被按下、释放或单击
FocusEvent	焦点事件	组件得到或失去焦点
ContainerEvent	容器事件	容器内组件的添加或删除
WindowEvent	窗口事件	窗口被激活、关闭、图标化、恢复等

Java 中相关事件类、接口和接口中的方法如表 9-5 所示。

表 9-5   事件类、接口和接口中的方法

事件类	监听器接口	监听器接口定义的抽象方法(事件处理器)
ActionEvent	ActionListener	actionPerformed(ActionEvent e)
AdjustmentEvent	AdjustmentListener	adjustmentValueChanged(AdjustmentEvent e)
ItemEvent	ItemListener	itemStateChanged(ItemEvent e)
KeyEvent	KeyListener	keyTyped(KeyEvent e) keyPressed(KeyEvent e) keyReleased(KeyEvent e)
MouseEvent	MouseListener MouseMotionListener	mouseClicked(MouseEvent e) mouseEntered(MouseEvent e) mouseExited(MouseEvent e) mousePressed(MouseEvent e) mouseReleased(MouseEvent e) mouseDragged(MouseEvent e) mouseMoved(MouseEvent e)
TextEvent	TextListener	textValueChanged(TextEvent e)

续表

事件类	监听器接口	监听器接口定义的抽象方法（事件处理器）
WindowEvent	WindowListener	windowActivated(WindowEvent e) windowClosed(WindowEvent e) windowClosing(WindowEvent e) windowDeactivated(WindowEvent e) windowDeiconified(WindowEvent e) windowIconified(WindowEvent e) windowOpened(WindowEvent e)

▶ 9.6 综合案例

【实例 9-12】编译运行下列程序代码，写出运行结果。

1. 代码

```java
import java.awt. * ;
import java.awt.event. * ;
import javax.swing. * ;
class ItemTest extends JFrame implements ItemListener, ActionListener{
    JLabel 11, 12, 13;
    JComboBox cb1, cb2;
    JPanel p;
    JTextField tf;
    JButton b;

    public ItemTest( ){
        p=new JPanel();
        11=new JLabel("家庭住址");
        12=new JLabel("详细住址(精确到门牌号)");
        13=new JLabel("您的家庭住址是:");
        b=new JButton("确定");
        String sf[]={"北京市","山东省"};
        cb1=new JComboBox(sf);          //创建并初始化组合框
        String sh[]={"东城区","西城区","朝阳区","海淀区"};
        cb2=new JComboBox(sh);
        tf=new JTextField(20);
        add(p);
        p.add(11);
        p.add(cb1);
        p.add(cb2);
        p.add(12);
        p.add(tf);
        p.add(b);
```

```
        p. add(l3);
        cb1. addItemListener(this);          //为组合框注册事件监听器
        b. addActionListener(this);          //为按钮注册事件监听器
        setSize(350，200);
        setVisible(true);
        setDefaultCloseOperation(JFrame. EXIT_ON_CLOSE);
    }
    public void itemStateChanged(ItemEvent e)     {      //编写事件处理程序
        cb2. removeAllItems();
      if(cb1. getSelectedItem( ). equals("北京市"))      {//判断组合框中是否选中"北京市"
            cb2. addItem("朝阳区");
            cb2. addItem("海淀区");
            cb2. addItem("东城区");
            cb2. addItem("西城区");
        }
      if(cb1. getSelectedItem( ). equals("山东省"))       { //判断组合框中是否选中"山东省"

            cb2. addItem("济南市");        //添加列表项
              cb2. addItem("烟台市");
              cb2. addItem("青岛市");
        }
    }
    public void actionPerformed(ActionEvent e){     //动作事件
        String ls＝l3. getText();
        Object o1＝cb1. getSelectedItem();     //获取选中的列表项
        Object o2＝cb2. getSelectedItem();     //获取选中的列表项
        l3. setText(ls＋o1＋o2＋tf. getText());
    }
    public static void main(String args[ ]){
        new ItemTest( );
    }
}
```

2. 调试运行程序

结果如图 9-13 所示。

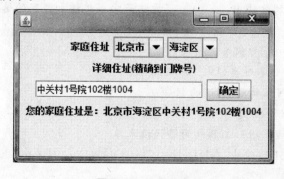

图 9-13　运行结果

在这个例子中，包含了两种事件。一个是选项事件，选项事件是在选择时触发，如在组合框 cb1 中进行选择，当选择为北京市时，触发选项事件，执行 itemState-Changed()方法，组合框 cb2 自动添加相关列表项。"确定"按钮 b 则监控动作事件，当单击"确定"按钮 b 时，触发动作事件，执行 actionPerformed()方法，对 l3 标签重置标题文字。

在这个例子中，虽然是有两个组件会产生事件，但由于这两个组件是产生不同的事件，所以不需要判断事件源，直接找到对应处理事件的方法就可以处理。如果程序中有多个组件触发相同的事件则必须先判断事件源是谁，再进行相应的处理。

▶ 9.7 小结

本章主要介绍了图形用户界面的各个控件和事件处理方法。其中包括容器组件、常用组件等。并根据组件不同介绍了几种事件处理方法。本章以各种小案例介绍了所有知识。

习题九

一、填空题

1. 在 javax. swing 包中的_____类是专门用来建立文本框，它的一个对象就是一个文本框。

2. Java 的_____包中包含了许多用来处理事件的类和接口。

3. Java 中能够产生事件的对象都可以成为_____，如文本框、按钮、键盘等。

4. Java 中事件源发生事件时，_____就自动调用执行被类实现的某个接口方法。

5. 当在文本框中输入字符并回车时，java 包 java. awt. event 中的_____类自动创建了一个事件对象。

6. Java 中为了能监视到 ActionEvent 类型的事件，事件源必须使用_____方法获得监视器。

7. Java 的 javax. swing 包中的_____类或子类所创建的一个对象就是一个窗口。

8. javax. swing 包中的_____类是负责创建菜单的。它的一个实例就是一个菜单。JMenu

9. 在 JMenu 类的方法中，_____方法是向菜单增加指定的选项。

二、选择题

1. 下列有关 Swing 的叙述，错误的是(　　)

A. Swing 是 Java 基础类(JFC)的组成部分

B. Swing 是可用来构建 GUI 的程序包

C. Java 基础类(JFC)是 Swing 的组成部分

D. Swing 是 AWT 图形工具包的替代技术

2. 在 Swing GUI 编程中，setDefaultCloseOperation(JFrame. EXIT_ON_CLOSE)语句的作用是(　　)

A. 当执行关闭窗口操作时，不做任何操作。

B. 当执行关闭窗口操作时，调用 WindowsListener 对象并将隐藏 JFrame。

C. 当执行关闭窗口操作时，调用 WindowsListener 对象并隐藏和销毁 JFrame。

D. 当执行关闭窗口操作时，退出应用程序。

3. 将 GUI 窗口中的组件按照从左到右如打字式排列的布局管理器是（　　）

A. FlowLayout

B. GridLayout

C. BorderLayout

D. CardLayout

4. 使用以下哪个类可在 GUI 中实现按钮功能？（　　）

A. JList

B. JProgressBar

C. JComboBox

D. JButton

5. 以下关于 GUI 容器缺省布局管理器的叙述，正确的是（　　）

A. JPanel 容器的缺省布局管理器是 FlowLayout

B. JPanel 容器的缺省布局管理器是 BorderLayout

C. JFrame 容器的缺省布局管理器是 FlowLayout

D. JFrame 容器的缺省布局管理器是 GridLayout

三、简答题

1. 如何在窗口中增加菜单？

2. 何设置组件的字体和颜色？

四、编程题

1. 编写一个将华氏温度转换为摄氏温度的程序。其中一个文本框输入华氏温度，另一个文本框输出摄氏温度，一个按钮完成温度的转换。

公式为摄氏温度＝5/9(华氏温度－32)

提高：可以完成摄氏温度和华氏温度之间的相互转换。

2. 设计菜单，菜单上放置表示红、黄、蓝三种颜色的菜单项，选中某个菜单项后，代表这个颜色的菜单项为窗口背景色。

第 10 章　图形用户界面设计

**内容提要**

　　本章将介绍图形用户界面的概念，了解 awt 和 swing 两个包，布局管理器和事件管理器的功能。通过这些内容的学习，程序设计者可以开发出简单的图形界面的小程序。

本章要点

- Java 图形用户界面设计的基本知识。
- 布局管理器应用。
- Java 事件处理应用。

▶ 10.1　GUI 功能

　　用户界面是计算机用户与软件之间的交互接口。一个功能完善，使用方便的用户界面可以使软件的操作更加简单，使用户与程序之间的交互更加有效。因此图形用户界面(graphics user interface，GUI)的设计和开发已经成为软件开发中的一项重要的工作。

　　Java 语言提供的开发图形用户界面(GUI)的功能包括 AWT(Abstract Window Toolkit)和 Swing 两部分。这两部分功能由 Java 的两个包来完成——awt 和 swing。虽然这两个包都是用于图形用户界面的开发，但是它们不是同时被开发出来了。awt 包是最早被开发出来的。但是使用 awt 包开发出来的图形用户界面并不完美，在使用上非常的不灵活。比如 awt 包所包含的组件，其外观是固定的，无法改变，这就使得开发出来的界面非常死板。这种设计是站在操作系统的角度开发图形用户界面，主要考虑的是程序与操作系统的兼容性。这样做的最大问题就是灵活性差，而且程序在运行时还会消耗很多系统资源。

　　由于 awt 包的不足表现，SUN 公司于 1998 年针对它存在的问题，对其进行了扩展，开发出了 Swing，即 swing 包。但是，SUN 公司并没有让 swing 包完成替代 awt 包，而是让这两个包共同存在，互取所需。awt 包虽然存在缺点，但是仍然有可用之处，比如在图形用户界面中用到的布局管理器、事件处理等依然采用的是 awt 包的内容。

　　Java 有两个主要类库分别是 Java 包和 Javax 包。在 Java 包中存放的是 Java 语言的核心类。Javax 包是 Sun 公司提供的一个扩展包，它是对原 Java 包的一些优化处理。

　　swing 包由于是对 awt 包的扩展和优化，所以是存放在 Javax 包下的，而 awt 包是存放在 Java 包下的。虽然 swing 是扩展包，但是，现在的图形用户界面基本都是基于 swing 包开发的。

swing 包的组件大部分是采用纯 Java 语言进行开发的，这就大大增加了组件的可操作性，尤其是组件的外观。通常情况下，只要通过改变所传递的参数的值，就可以改变组件的外观。而且 swing 包还提供 Look and Feel 功能，通过此功能可以动态改变外观。swing 包中也有一些组件不是用纯 Java 语言编写的，这些组件一般用于直接和操作系统进行交互的。

▶ 10.2 Java GUI 编程入门

在本节中将对图形用户界面中的布局管理器进行介绍。

先来看一个用 Java 语言编写的图形用户界面的例子，如图 10-1 所示。

图 10-1 一个图形用户界面

图 10-1 是一个"组件实例"的用户界面。通过这个界面，我们来介绍三个与图形用户界面有关的术语。

(1)组件：构成图形用户界面的各种元素称为组件。图 10-1 中，放在"组件实例"中的每一个信息都是一个组件。例如"职位"就是一种组件。

(2)容器：是图形用户界面中容纳组件的部分，一个容器可容纳一个或多个组件，甚至可以容纳其他容器。窗口就是一种容器。例如图 10-1 中的组件全部都是放在"组件实例"这个容器中的。容器与组件的关系就像杯子和水的关系。需要说明的是，容器也可以被称为组件。

(3)布局管理器：组件在被放到容器中时，要遵循一定的布局方式。在 Java 的图形用户界面中，有专门的类来管理组件的布局，称这些类为布局管理器。在"组件实例"中的组件，Label、TextField、Choice，就是由布局管理器负责的。所谓的布局管理器，实际上就是能够对组件进行布局管理的类。布局管理器分为 FlowLayout 流行布局管理器、BorderLayout 边界型布局管理器、GridLayout 网格型布局管理器、GridBagLayout 网格包型布局管理器、CardLayou 卡片布局管理器。

1. 本任务的代码

```
import java. awt. * ;
public class les9d1
{
```

```
static Frame frameObject;
static Panel panelObject;

Label labelCustName;
Label labelCustCellNo;
Label labelCustPackage;
Label labelCustAge;

TextField textCustName;
TextField textCustCellNo;
Choice choCustPackage;
TextField textCustAge;
public les9d1()
{
frameObject=new Frame("组件实例");
panelObject=new Panel();
frameObject. add(panelObject);

labelCustName=new Label("客户名称:");
labelCustCellNo=new Label("客户编号:");
labelCustPackage=new Label("职位:");
labelCustAge=new Label("年龄:");

textCustName=new TextField(30);
textCustCellNo=new TextField(30);
textCustAge=new TextField(2);
choCustPackage=new Choice();
choCustPackage. addItem("行政人员");
choCustPackage. addItem("普通职员");

panelObject. add(labelCustName);
panelObject. add(textCustName);

panelObject. add(labelCustName);
panelObject. add(textCustName);

panelObject. add(labelCustCellNo);
panelObject. add(textCustCellNo);

panelObject. add(labelCustPackage);
panelObject. add(choCustPackage);

panelObject. add(labelCustAge);
```

```
    panelObject. add(textCustAge);
    frameObject. setSize(300，200);
    frameObject. setBackground(Color. green);
    frameObject. setVisible(true);
    }
public static void main(String args[])
{
    les9d1 obj＝new les9d1();
}
}
```

2. 分析

第 1 行的作用就是将 awt 包引入到该程序中，因为该程序中要用到 awt 包中的三个主要类，组件、容器和布局。上例中使用了 Lable、TextField、Choice 三种组件，Fame 和 Panel 两种容器。

在此只对程序进行粗略解释，目的只是让读者对图形用户界面有个初步的认识。在后面的任务中会逐个对各种组件和它们的应用进行详细介绍。

▶ 10.3　Java GUI 布局管理

10.3.1　FlowLayout 布局管理器

FlowLayout，又称流式布局管理器，是 Panel、Applet 的默认布局管理器。其组件的放置规律是从上到下、从左到右进行放置。

构造方法主要有下面几种：

(1)FlowLayout() 默认的对齐方式居中对齐，横向间隔和纵向间隔都是默认值 5 个像素。

(2)FlowLayout(int align，int hgap，vgap) 第一个参数表示组件的对齐方式，指组件在这一行中的位置是居中对齐、居右对齐还是居左对齐，第二个参数是组件之间的横向间隔，第三个参数是组件之间的纵向间隔，单位是像素。

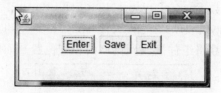

图 10-2　FlowLayout 布局管理器

(3)图 10-2 程序的代码内容如下：

```
import java. awt. Button;        //导入 awt 包中的按钮组件
import java. awt. FlowLayout；//导入 awt 包中的流式布局管理器类
import java. awt. Frame；        //导入 awt 包中的框架类
public class FlowLayout_T {
    public static void main(String args[]) {
```

```
        Frame f = new Frame();       //创建一个框架
        f. setLayout(new FlowLayout());     //设置一个布局管理器
        Button button1 = new Button("Enter"); //创建一个回车按钮
        Button button2 = new Button("Save"); //创建一个保存按钮
        Button button3 = new Button("Exit"); //创建一个退出按钮
        f. add(button1);
        f. add(button2);
        f. add(button3);
        f. setSize(250，100);
        f. setVisible(true);
    }
}
```

（4）分析。

FlowLayout 布局管理器是 Panel 和 Applet 容器的默认布局管理器。如果不专门对 Panel 和 Applet 进行布局管理器设置的话，它们的组件的布局将按 FlowLayout 进行管理。Panel 和 Applet 都是一种容器。Panel 和窗口很类似，Applet 是嵌在浏览器中使用的一种容器。FlowLayout 布局管理器对窗口中的组件的管理是与窗口的大小有关的。上例中有如下的语句：

    f. setSize(250，100);

这条语句设置了窗口的初始值大小。第一个参数为窗口的宽度；第二个参数为窗口的高度。FlowLayout 布局管理器会根据这个大小来摆放组件。如果我们使用拖动的方法，改变窗口的大小，窗口中组件的排列方式也会跟着改变。

每个组件也有自己的初始大小。当窗口设置的宽度小于组件的初始宽度时，窗口宽度会自动变为组件的宽度，但窗口高度不会改变。

在摆放组件时，如果不设定组件的对齐方式，那么 FlowLayout 布局管理器是按居中对齐的方式摆放组件的。

10.3.2 BorderLayout 布局管理器

BorderLayout 又称边界布局管理器，它将窗口划分为上北、下南、左西、右东和中央五个区域，分别用参数 BorderLayout. NORTH、BorderLayout. SOUTH、Border-Layout. WEST、BorderLayout. EAST 和 BorderLayout. CENTER 来表示。在窗口中添加组件时，系统会根据参数将组件摆放到窗口的相应位置。如图 10-3 所示。

图 10-3   BorderLayout 布局管理器

如果某个区域没有摆放组件，则其他组件会占用此位置。规则如下：

当上北或下南没有摆放组件时，左西、右东和中央的组件会占用上北或下南的位置。

当左西或右东没有摆放组件时，上北、下南和中央的组件会占用左西或右东的位置。

当上北、下南、左西和右东都没有摆放组件时，中央的组件会占用这些位置。

当中央位置没有摆放组件时，位置被空缺，其他位置的组件不会占用中央的位置。

图 10-3 代码如下：

```java
import java.awt.BorderLayout;
import java.awt.Button;
import java.awt.Frame;
public class BorderLayout_T {
public static void main(String args[]) {
    Frame f = new Frame("BorderLayout");
    f.setLayout(new BorderLayout());
    f.add("North", new Button("北"));
        // 第一个参数表示把按钮添加到容器的 North 区域
    f.add("South", new Button("南"));
        // 第一个参数表示把按钮添加到容器的 South 区域
    f.add("East", new Button("东"));
        // 第一个参数表示把按钮添加到容器的 East 区域
    f.add("West", new Button("西"));
        // 第一个参数表示把按钮添加到容器的 West 区域
    f.add("Center", new Button("中"));
        // 第一个参数表示把按钮添加到容器的 Center 区域
    f.setSize(200，200);
    f.setVisible(true);
    }
}
```

10.3.3   GridLayout 布局管理器

GridLayout 又称网格布局管理器。相对于 FlowLayout 和 BorderLayout 来说，GridLayout 布局管理器是使用较多的布局管理器。它基于网格（即行列）放置组件，GridLayout 布局管理器把容器分成网格 n 行 m 列同样大小的网格单元，每个网格单元可容纳一个组件，并且此组件将充满网格单元。组件按照从左至右，从上至下的顺序填充。

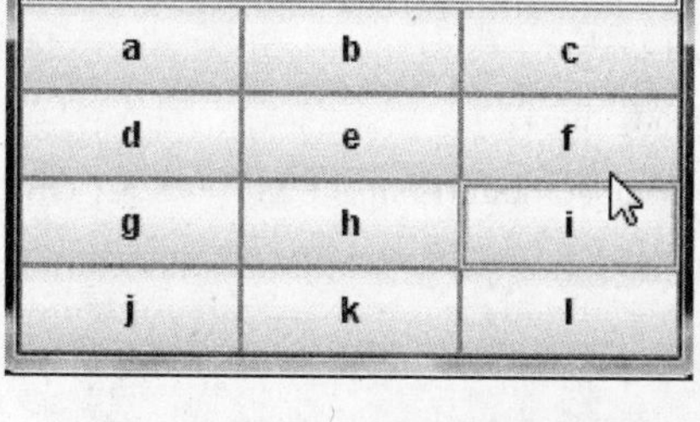

图 10-4   GridLayout 布局管理器

(1)程序代码

```java
import java.awt.BorderLayout;
import java.awt.GridLayout;
import javax.swing.JButton;
import javax.swing.JFrame;
import javax.swing.JPanel;
import javax.swing.JTextField;

class GridLayoutDemo extends JFrame {
    GridLayoutDemo() {
        JPanel jp = new JPanel();
        jp.setLayout(new GridLayout(4, 4));
        // jp.setLayout(new GridLayout(4, 4, 5, 5)); //指定组件水平和垂直间隙为5
        // 创建表示数字的按钮并加载到 jp
        jp.add(new JButton("a"));
        jp.add(new JButton("b"));
        jp.add(new JButton("c"));
        jp.add(new JButton("d"));
        jp.add(new JButton("e"));
        jp.add(new JButton("f"));
        jp.add(new JButton("g"));
        jp.add(new JButton("h"));
        jp.add(new JButton("i"));
        jp.add(new JButton("j"));
        jp.add(new JButton("k"));
        jp.add(new JButton("l"));
        add(jp); // jp 加载到中区
        add(new JTextField(10), BorderLayout.NORTH); // 文本框加载到北区
    }
}

public class Example10_6 {
    public static void main(String[] args) {
        GridLayoutDemo f = new GridLayoutDemo();
        f.setTitle("GridLayoutDemo");
        f.setSize(250, 180);
        f.setLocation(400, 300);
        f.setDefaultCloseOperation(JFrame.EXIT_ON_CLOSE);
        f.setVisible(true);
    }
}
```

（2）分析

GridLayout 的构造方法如下：

GridLayout()：容器划分为一行、一列的网格。

GridLayout(int rows，int cols)：容器划分为指定行、列数目的网格。

GridLayout(int rows，int cols，int hgap，int vgap)：容器划分为指定行、列数目的网格，并且指定组件间的水平与垂直间隙。

10.3.4 自定义布局管理器

FlowLayout、BoderLayout 和 GridLayout 布局管理器有一个共同的特点就是布局是固定的。因此组件的摆放也就被固化了。比如 BorderLayout 只能把组件摆放在五个区域内，不可能有第六个区域。然后有很多界面中的组件摆放非常灵活。虽然 GridLayout 可以将窗口设置成不同的单元格，但是碰到组件摆放没有规律可寻的情况时，也会无能为力。有时候，为了达到窗口中组件的不规则摆放，需要对这三种布局管理器进行综合应用，实现起来非常麻烦。于是，Java 就提供了一种不使用布局管理器的方法，即自定义布局。

这种方法的理念是这样的：所有图形用户界面都是平面的，界面上的每个点都可以用 x 和 y 两个坐标来确定。在一个界面上如果选取一个点，再确定好要摆放组件的宽度和高度，就可以确定出一个区域。如图 10-5 所示。

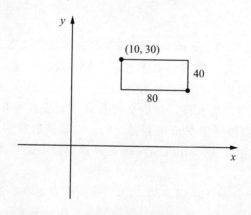

图 10-5 一个平面中两点坐标确定一个区域

(10，30)是起始坐标。80 和 40 是组件的宽度和高度，从而确定出一个区域，就可以把一个组件放在这个区域中。这样的布局方式非常灵活，可以根据需要在窗口的任意位置摆放组件。事先只要给每个组件在窗口中确定一个摆放的位置就可以了。这时的布局不是针对窗口的了，而是针对每一个组件。例如，一个"确定"按钮。我们给它起个名字叫 button。下面的语句就可以在窗口中设置出用于摆放该按钮的区域。

button. setBounds(10，30，80，40)；

setBounds 是设置(set)边界(bound)的意思。因此这条语句的含义就是将宽度为80，高度为 40 的 button 放在以坐标(10，30)为起始点的区域中。

（1）图 10-5 的代码

```java
import java.awt.*;
import javax.swing.*;
public class FrameEx
{
public void go()
{
    JFrame win = new JFrame("帮助窗口");
    Container contentPane = win.getContentPane();
    contentPane.setLayout(null);
    Button queding = new JButton("确定");
    queding.setBounds(10,30,80,40);
    contentPane.add(queding);
    win.setSize(200,200);
    win.setVisible(true);
    }
public static void main(String arg[]){
FrameEx fe = new FrameEx();
    fe.go();
    }
}
```

（2）分析

1）其中 contentPane.setLayout(null)是将窗口的布局管理器设置为 null。意思就是这个窗口不使用布局管理器。既然要应用自定义的布局，就应该将容器原有的布局管理器去掉。虽然我们可以不进行布局管理器设置，但是每种容器都有默认的布局管理器，因此，必须将这种默认值去掉，自定义的布局才能发挥作用。比如这段程序采用是 JFrame 容器，这种容器属于 Frame 容器。Frame 容器的默认布局管理器是 BorderLayout。必须通过此方法，使 BorderLayout 布局管理器不起作用，才能达到自定义布局的效果。

2）queding.setBounds(10,30,80,40)，是按钮在窗口中的坐标位置。其中前两组参数表示按钮左上角的坐标，后两组参数确定了组件的宽度和高度。

3）contentPane.add(queding)将"确定"按钮添加到窗口时，会按照 queding.setBounds(10,30,80,40)确定的区域进行摆放。需要注意的是，组件的宽度和高度要设计得合理，否则，可能会使组件不能完全显示或者出现显示变形。

▶ 10.4 Java GUI 事件管理

Java 对 GUI 的事件处理采用事件源－事件监听器模式，其实现机制：

（1）通过事件监听器来监听事件源产生的事件；

（2）事件监听器实现对应的事件监听接口，处理相应的消息。

此模式主要以三种对象为中心组成，事件源、事件监听器、事件。事件源（Event

Source)是由它来激发产生事件,是产生或抛出事件的对象。事件监听器(Event Handler)指由它来处理事件实现某个特定 EventListener 接口,此接口定义了一种或多种方法,事件源调用它们以响应该接口所处理的每一种特定事件类型。事件(Event)是指具体的事件类型。事件类型封装在以 java. util. EventObject 为根的类层次中。当事件发生时,事件记录发生的一切事件,并从事件源传播到监听器对象。例如,当用户在按钮上点击鼠标时,该按钮对象就是事件源。处理该按钮被按下事件的方法就称为事件监听器。

图 a

图 b

图 10-6 文本框输入事件

10.4.1 事件处理应用实例 1

本例代码如下:

```java
import java. awt. * ;
import java. awt. event. * ;

public class TFActionEvent {

    public static void main(String[] args) {
     new TFFrame();
    }
}

class TFFrame extends Frame
{
    TFFrame()
    {
    TextField tf = new TextField();
    add(tf);
    tf. addActionListener(new TFActionListener());
    pack();
    setVisible(true);
    }
}
```

```
class TFActionListener implements ActionListener
{
```

//事件源对象把事件封装为 e 作为参数传递给监听器对象的 actionPerformer()方法
```
    public void actionPerformed(ActionEvent e)
    {
        TextField tf = (TextField)e. getSource();        //获取事件源对象
        System. out. println(tf. getText());
        tf. setText("");
    }
}
```

TextField 对象可能发生 Action 事件,该事件对应的事件类是 java. awt. event. Action-Event。可以用实现了 java. awt. event. ActionListener 接口的类的对象来处理 Action-Event 事件,实现 ActionListener 接口必须重写方法:public void actionPerformed(Ac-tionEvent e)可以用 TextField 的方法 addActionListener(ActionEvent e)方法来为 Text-Field 对象注册一个 ActionListener 对象,当 TextField 发生 Action 事件时,会把事件封装成一个 ActionEvent 对象,该对象作为参数传递给 ActionListener 对象的 action-Performed()方法,并作出相应的处理。

10.4.2 事件处理应用实例 2

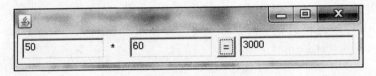

图 10-7 乘法运算事件

本段代码如下:
```
    public static void main(String[] args) {
        new TFMathTest(). launchFrame();
    }

    public void launchFrame()
    {
        num1 = new TextField();
        num2 = new TextField();
        sum = new TextField();
        num1. setColumns(10);
        num2. setColumns(10);
        sum. setColumns(15);
        setLayout(new FlowLayout());
        //setSize(500,30);
        Label lblPlus = new Label(" * ");
        Button btnEqual = new Button("=");
```

```
btnEqual. addActionListener(new MyListener());
add(num1);
add(lblPlus);
add(num2);
add(btnEqual);
add(sum);
pack();
setVisible(true);
}

private class MyListener implements ActionListener
{
public void actionPerformed(ActionEvent e)
{
String s1 = num1. getText();
String s2 = num2. getText();
int i1 = Integer. parseInt(s1);
int i2 = Integer. parseInt(s2);
sum. setText(String. valueOf(i1 * i2));
}
}
}
```

▶ 10.5 综合应用

案例：设计一个窗口图形，鼠标划动不同的图标，显示相应的图标标题，单击图标，窗口显示图标的功能。运行图形如图 10-8。

图 10-8 综合应用

代码如下：

```
import java. awt. BorderLayout;
import java. awt. event. ActionEvent;
import java. awt. event. ActionListener;
```

```
import javax. swing. * ;
class ToolBarDemo extends JFrame implements ActionListener {
    JButton b1, b2, b3, b4;
    JLabel jl;
    ToolBarDemo() {
        Icon i1 = new ImageIcon("images/excel. gif");
        Icon i2 = new ImageIcon("images/pdf. gif");
        Icon i3 = new ImageIcon("images/ppt. gif");
        Icon i4 = new ImageIcon("images/word. gif");
        b1 = new JButton(i1); // 创建带图标的按钮
        b2 = new JButton(i2);
        b3 = new JButton(i3);
        b4 = new JButton(i4);
        JToolBar tb = new JToolBar("改变标签");
        tb. add(b1);
    b1. setToolTipText("数据库图标"); // 设置按钮命令提示
    tb. add(b2);
    b2. setToolTipText("查询图标");
    tb. add(b3);
    b3. setToolTipText("修改图标");
    tb. add(b4);
    b4. setToolTipText("报表图标");
    add(tb, BorderLayout. NORTH);
    jl = new JLabel("请选择工具栏上的选项", SwingConstants. CENTER);
    add(jl);
    b1. addActionListener(this);
    b2. addActionListener(this);
    b3. addActionListener(this);
    b4. addActionListener(this);
    }
    public void actionPerformed(ActionEvent e) {
    String s = null;
    String pic = null;
    if (e. getSource() == b1) {
        s = "浏览数据库";
        pic = "images/excel. gif";
    } else if (e. getSource() == b2) {
        s = "数据查询";
        pic = "images/pdf. gif";
    } else if (e. getSource() == b3) {
        s = "数据修改";
        pic = "images/ppt. gif";
    } else if (e. getSource() == b4) {
```

```
            s = "报表输出";
            pic = "images/word.gif";
        }
        jl.setText(s);
        Icon i = new ImageIcon(pic);
        jl.setIcon(i);
        }
    }
    public class Example10_12 {
        public static void main(String[] args) {
            ToolBarDemo f = new ToolBarDemo();
            f.setTitle("综合应用");
            f.setSize(250, 180);
            f.setLocation(400, 300);
            f.setDefaultCloseOperation(JFrame.EXIT_ON_CLOSE);
            f.setVisible(true);
        }
    }
```

▶ 10.6   小结

本章主要介绍 GUI 功能，awt 和 swing 两个包的含义，布局管理器的分类，事件的概念及处理方法。

习题十

1. 填空题

(1) GUI 的中文含义是_____。

(2) Java 语言提供的图形用户界面的功能包括_____和_____两部分。

(3) awt 的缺点是_____。

(4) awt 包包含在_____包，swing 包包含在_____包。

(5) 常用的布局管理器有_____，_____，_____，_____。

(6) Panel 和 Applet 容器的默认布局管理器是_____。

(7) Frame 容器的默认布局管理器是_____。

2. 问答题

(1) awt 和 swing 的关系是什么？

(2) BorderLayout 布局管理器将窗口划分成几个区域？如何控制组件的摆放？

(3) GridLayout 布局管理器参数的含义是什么？

(4) 总结一下本章介绍的事件，分别对这些事件的含义进行说明。

第 11 章　线　程

通过本章的学习，了解多线程编程技术，知道线程的基本概念、线程的各种状态转换、控制方法及线程的同步机制，学会创建线程及使用同步方法，掌握什么情况下最好使用多线程编程，以及多线程编程时如何进行处理，最终能利用本章知识结合实际应用开发一些应用程序。

本章要点

- 理解线程的基本知识。
- 掌握创建线程的两种方法。
- 掌握线程控制的基本方法。
- 掌握线程的同步方法。

▶ 11.1　线程的基本知识

我们现在使用的操作系统大部分都是多任务的，即能够同时执行多个应用程序。在多任务操作系统中，每个独立执行的程序都称为进程。计算机系统给人的印象是可以同时执行多个程序，而实际情况是，操作系统负责对 CPU 等设备的资源进行分配和管理，虽然这些设备在某一时刻只能做一件事，但它以非常小的时间间隔交替执行多个程序，就会给人以同时执行多个程序的感觉。

线程是一个进程里的不同的执行路径，它是比进程更小的执行单位，线程是在进程的基础上进一步划分。因此一个进程中可以包含一个或多个线程，一个线程就是一个程序内部的一条执行路径，如果要一个程序中实现多段代码同时交替运行，这就需要产生多个线程，并指定每个线程上所要运行的程序代码段，这就是多线程。

多个线程的执行是并发的，也就是在逻辑上"同时"，如果系统只有一个 CPU，那么真正的"同时"是不可能的，在同一个时间点上，一个 CPU 只能支持一个线程在执行，CPU 执行速度很快，看起来像多线程一样。除非你的系统是多 CPU 或者是双核的，那么才能真正实现多线程。

> **注意：线程与进程的区别**
> 1. 每个进程都有独立的代码和数据空间（进程上下文），进程间的切换有较大的开销。
> 2. 线程可以看成是轻量级的进程，同一类线程共享代码和数据空间，每个线程有独立的运行栈和程序计数器（PC），线程切换的开销小。
> 3. 多进程，在操作系统中能同时运行多个任务（程序）。
> 4. 多线程：在同一应用程序中有多个顺序流同时运行。

Java 语言本身就提供了支持多线程的包(Java. lang. Thread)，每个 Java 程序都有个默认的主线程，它是由系统自动生成的，对于 Java Application 应用程序来说，主线程就是 main()方法执行的线程。对于 Java Applet 小程序来说，主线程是指浏览器加载并执行 Java 的 Applet。要想实现多线程，就必须在主线程中创建新的线程对象。新建的线程要经历新建、就绪、运行、阻塞和死亡五种状态。图 11-1 为线程状态转换图，也就是线程的一个生命周期。

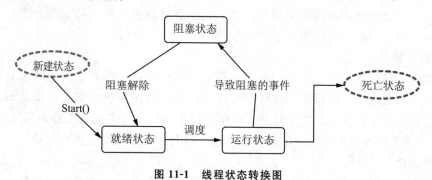

图 11-1　线程状态转换图

1. 新建状态

当一个线程对象只被声明并创建时，这时的线程就处于新建状态，它仅仅是一个空的线程对象，还没有被分配相关的系统资源。此时的线程只能使用 start()和 stop()两种控制线程的方法，前者是为新创建的线程建立必要的系统资源，并使其从新建状态转换为就绪状态；后者则用来杀死一个线程，使其进入死亡状态。

2. 就绪状态

当处于新建状态的线程执行 start( )方法后，使其进入就绪状态，此时它将进入线程队列排队等候 CPU 调度，CPU 随时可能被分配给该线程，一旦轮到该线程占用 CPU 资源，它就可以脱离创建它的主线程独立开始自己的运行。

3. 运行状态

处于就绪状态的线程被调度并获得 CPU 资源时，便进入了运行状态，也就是说正在运行的线程就处于运行状态，此时该线程独占 CPU 的控制权。如果有更高优先级的线程出现，则该线程将被迫放弃控制权进入可运行状态。使用 yield( )方法可以使线程主动放弃 CPU 控制权。线程也可能由于执行结束或执行 stop( )方法放弃控制权，进入死亡状态。

4. 阻塞状态

一个正在运行的线程遇到阻塞的事件时，就会进入阻塞状态。阻塞指的是暂停一个线程的执行以等待某个条件发生。线程运行后，不总是处于运行状态，只有正在运行的线程有时会被阻塞时，其他的线程才有机会可以运行。此时，线程不会被分配 CPU 时间，无法执行。Java 提供了大量的方法来支持阻塞，下面就简单介绍几个。

当一个正在运行的线程在执行过程中需要等待某个输入输出操作时，将会使线程转化为阻塞状态，一个线程受阻于输入输出，那么它只有在输入输出的命令完成以后则可自动恢复为可执行状态。

调用 sleep()方法，使线程处于睡眠状态，不能得到 CPU 时间。它允许指定以毫秒为单位的一段时间作为参数，使得线程在指定的时间内进入阻塞状态，那么此时的线程会在指定的时间过后，将线程状态自动恢复为可执行状态；

调用 wait()方法，使线程停止执行，以便等待某个条件发生，此时的线程处于等待状态，则必须用 notify()或 notifyAll()方法通知该线程。所以 wait( )和 notify( )两个方法应该配套使用。wait( )方法使得线程进入阻塞状态，它有两种形式：一种是有参数(允许指定以毫秒为单位的一段时间作为参数)；另一种是没有参数。前者一旦调用了 notify( )方法或者超出指定的时间时，线程会重新进入可执行状态，而后者则必须等待对应的 notify( )方法调用。

5. 死亡状态

当线程不具有继续运行的能力时，它将处于死亡状态，同时也将意味着它不会再具有继续运行的能力。线程死亡的原因有两种：其一是正常情况下，当线程 run( )方法执行结束或由于其他原因终止时，该线程就会进入死亡状态；其二是调用 stop( )或 destroy( )方法亦有同样效果，但是不被推荐，因为它是强制终止进程的执行，同时它也不会释放锁。

通过上面介绍的线程的五种状态，我们知道其实线程是一个动态的概念，其生命周期就是线程各个状态的转换过程。从图 11-1 中可以看出，当有多个线程同时处于就绪状态，并等待获得 CPU 时间时，Java 提供了一个线程调度器来监控程序中启动后进入就绪状态的所有线程，然后由线程调度器按照线程的优先级决定应调度哪个线程来执行。优先级高的线程有更大的机会获得 CPU 时间，优先级低的线程也不是没有机会，只是机会要小一些罢了。可以通过使用 Thread 类的方法获得或设置线程对象的优先级，如：

int   getPriority（ ）;

void   setPriority（int newPriority);

线程的优先级可以用数字来表示，范围从 1 到 10，一个线程的缺省优先级是 5。如可以这样来定义：

Thread. MIN_PRIORITY＝1；

Thread. MAX_PRIORITY＝10；

Thread. NORM_PRIORITY＝5；

▶11.2 线程的创建

Java 中创建线程的方法有两种：一是通过创建自己的线程子类来创建线程；二是通过实现 java. lang. Runnable 接口来创建线程。无论使用哪种方法创建，都需要使用 java. lang 包中的 Thread 类实现多线程编程，并通过这个类提供的大量方法来方便控制自己的各个线程。Thread 类最重要的方法是 run()，它为 Thread 类的方法 start()所调用，其作用是提供线程所要执行的代码，为了指明自己创建的线程所要执行的代码，只需要覆盖它即可。

Thread 类的构造方法：

public Thread（ ）

public Thread(String name)

public Thread(Runnable target)

public Thread(Runnable target，String name)

public Thread(ThreadGroup group，Runnable target)

public Thread(ThreadGroup group，String name)

public Thread(ThreadGroup group，Runnable target，String name)

其中，name 代表线程名，target 代表执行线程体的目标对象（该对象必须实现 Runnable 接口），group 代表线程所属的线程组。

线程的基本控制方法，见表 11-1 所示。

表 11-1　线程的常用控制方法

方　法	含　义
void run( )	线程所执行的代码
void start( )	告诉 Java 运行系统为该线程建立一个执行环境，然后调用该线程的 run( )方法。
void sleep(long　milis)	将当前线程睡眠指定毫秒数，线程由运行状态进入阻塞状态，睡眠时间结束后，线程再进入可运行状态。
void interrupt( )	中断线程
boolean isAlive( )	判断线程是否还"活"着，即线程是否还未终止
static Thread currentThread( )	返回当前正在运行的线程对象
void setName(String threadName)	给线程设置名称
string getName( )	获得线程的名称
void join（［long　millis［，int nanos］］）	调用某线程的该方法，将当前线程与该线程"合并"，即等待该线程结束，再恢复当前线程的运行。
static void yield( )	让出 CPU，当前线程进入就绪队列等待调度
void setPriority(int p)	设置线程的优先级数值
voidgetPriority()	获得线程的优先级数值
notify( ) / notifyAll( )	与 wait( )方法配合使用，用来唤醒处于就绪等待队列中的一个/所有线程。
wait( )	用于阻塞线程

11. 2. 1　用 Thread 类建立多线程

【任务 11-1】使用 Thread 类创建多线程

1. 基本知识

Thread 类本身实现了 Runnable 接口，并定义了许多用于创建和控制线程的方法。所以只要继承 Thread 类，覆盖方法 run( )，在创建 Thread 类的子类中重写 run( )方法，将线程所运行的程序代码放入 run( )方法中，然后用 new 语句来创建线程对象，并调用 start()方法启动该线程即可。使用 Thread 类建立线程的过程可以分为以下 3 个步骤：

步骤说明：

1. 创建一个 Thread 类的对象，就表示创建了一个线程；

2. 创建一个 Thread 类的子类，覆盖掉 Thread 类中的 run( ) 方法，在其中编写我们想要运行的程序代码；

3. 通过子类创建一个 Thread 类的线程对象，调用子类中的 start( ) 方法，由它去调用子类中的 run( ) 方法。

2. 任务实施

采用继承 Thread 类的方式创建线程类。程序中调用两次 start( ) 方法，启动两个线程。方法如下：

```
class TestThread extends Thread{          //定义新线程类
    public TestThread(String str){
        super(str);              //调用 Thread 类的构造函数初始化线程
    }
public void run(){                  //定义线程体
    for(int i＝0; i<5; i＋＋)
    System. out. println("线程"＋getName( )＋"正在运行!");
    System. out. println("线程"＋getName( )＋"已经结束!");
    }
}
public class UseThread{
    public static void main(String args[]){
    TestThread thread1＝new TestThread("thread1");     //创建第一个线程
    TestThread thread2＝new TestThread("thread2");     //创建第二个线程
    thread1. start( );       //启动第一个线程
    thread2. start( );//启动第二个线程
    }
}
```

3. 任务运行结果

任务运行结果如图 11-2 所示。

图 11-2　运行结果

11.2.2 用 Rannable 接口建立多线程

【任务 11-2】使用 Rannable 接口建立多线程

1. 基本知识

Runnable 接口只有一个抽象方法 run( )，所有实现 Runnable 接口的类都必须重写这个 run( )方法将线程代码写入其中，就完成了这一部分的任务。但是 Runnable 接口并没有任何对线程的支持，还必须创建 Thread 类的实例。这一点是通过 Thread 类的构造函数 public Thread(Runnable target)来实现的。使用实现 Runnable 接口的方法创建线程的过程可以分为以下 3 个步骤：

> **步骤说明：**
>
> 1. 声明一个实现 Runnable 接口的类并生成对象；
> 2. 生成一个 Thread 类对象；
> 3. 将生成的 Runnable 对象作为参数传递给 Turead 类构造方法。

2. 任务实施

采用以实现 Runnable 接口的方式创建线程，程序实现的功能是用 Runnable 接口实现，创建三个线程，每一个都负责打印 1~5 的数，方法如下：

```java
public class ThreadDemo2 implements Runnable {
    public ThreadDemo2() {
        super();                    //调用父类的构造方法
    }
    public void run() {
        for (int i = 1; i <= 5; i++) {
        System. out. println(" " + i + " " + Thread. currentThread(). getName());
        try {                       //输出当前的线程名称
            Thread. currentThread(). sleep(1000);
            } catch (InterruptedException e) {
            }
        }
    }
    public static void main(String[] args) {
        Thread t1 = new Thread(new ThreadDemo2(), "线程 1");
        Thread t2 = new Thread(new ThreadDemo2(), "线程 2");
        Thread t3 = new Thread(new ThreadDemo2(), "线程 3");
        t1. start();
        t2. start();
        t3. start();
    }
}
```

3. 任务运行结果

任务运行结果如图 11-3 所示。

图 11-3 运行结果

建立线程的两种方法的比较：

1. 直接继承 Thread 类。该方法编写简单，可以直接操作线程，但 Java 语言不支持多继承，导致子类只能有一个父类，所以此方法适用于单一继承情况，不能再继承其他类。

2. 实现 Runnable 接口。当一个线程已继承了另一个类时，就只能通过 Runnable 接口的方法来创建线程，因为我们可以在同一个类中继承某个父类，同时又可以实现多个接口。此种方法比第一种方法更常见与更灵活些。推荐能用这个 Runnable 接口实现的就别用其他的方法。

▶ 11.3 线程的同步

在使用多线程时，由于同一进程的多个线程共享同一片存储空间，在带来方便的同时，也带来了访问冲突这个严重的问题。例如，有两个线程 threadA 与 threadB 分别负责向同一个文件对象中写入数据和读取该文件对象中的数据，由于两个线程 threadA 和 threadB 是同时执行的，因此有可能 threadA 修改了数据而 threadB 读出的数据仍为未修改的旧数据，此时用户将无法获得预期的结果。这主要是由于同时访问同一个资源时发生了冲突问题，Java 语言提供了同步（使用 Synchronized 关键字）的专门机制以解决这种冲突，它有效地避免了同一个数据对象被多个线程同时访问。

11.3.1 定义同步方法

Java 语言提供了同步机制来合理地协调共享资源。它规定凡是被同步（使用 synchronized 关键字）的方法、对象或类数据，在任何一个时刻只能被一个线程使用，通过这种方式使资源合理使用，达到线程同步的目的。这套同步机制就是 synchronized 关键字，它包括两种用法：synchronized 方法和 synchronized 块。

【任务 11-3】 使用 synchronized 同步代码块

1. 基本知识

通过 synchronized 关键字来声明 synchronized 同步代码块。格式如下：

```
synchronized（同步对象）{
    需要同步的代码
}
```

说明：使用同步代码块时必须指定一个需要同步的对象，通常都将当前对象（this）设置为同步对象。

2. 任务实施

本任务创建两个线程 thread1 和 thread2，这两个线程想同时访问同一个数据对象，通过使用同步机制有效避免了这一冲突，方法如下：

```
public class TestSync implements Runnable{
    Count count＝new Count();
    public static void main(String args[]){
        TestSync test＝new TestSync();
        Thread thread1＝new Thread(test);
        Thread thread2＝new Thread(test);
        thread1. setName("thread1");
        thread2. setName("thread2");
        thread1. start();
        thread2. start();
    }
    public void run(){
        count. add(Thread. currentThread(). getName());
    }
}
class Count{
    private static int num＝0;
    public void add(String name){
        synchronized(this){   //执行这段代码过程中，当前的对象被锁定
            num++;
            try {
                Thread. sleep(1);
            }catch(InterruptedException e){
            }
            System. out. println(name+"，您是第"+num+"个使用 Count 的线程");
        }
    }
}
```

3. 任务运行结果

任务运行结果如图 11-4 所示。

图 11-4

如果将上面的程序中 public void add() 方法中的 synchronized(this) 去掉，任务运行的结果如图 11-5 所示。通过两个结果的比较，理解同步的概念。

图 11-5

【任务 11-4】使用 synchronized 同步方法

1. 基本知识

通过在方法声明中加入 synchronized 关键字来声明 synchronized 方法。其格式为：

synchronized 方法返回值 方法名（参数列表）{…}

}

2. 任务实施

将以上任务 11-3 改成使用同步的方法来实现同步机制，方法如下：

```java
public class TestSync1 implements Runnable{
    Count count＝new Count();
    public static void main(String args[]){
        TestSync1 test＝new TestSync1();
        Thread thread1＝new Thread(test);
        Thread thread2＝new Thread(test);
        thread1.setName("thread1");
        thread2.setName("thread2");
        thread1.start();
        thread2.start();
    }
```

```
public void run(){
    count. add(Thread. currentThread(). getName());
}
}
class Count{
    private static int num＝0;
    publicsynchronized void add(String name){
            //执行 add()这个方法过程中，当前的对象被锁定
        num＋＋;
        try {
            Thread. sleep(1);
        }catch(InterruptedException e){
        }
        System. out. println(name＋"，您是第"＋num＋"个使用 Count 的线程");
    }
}
```

3. 任务运行结果

任务运行结果如图 11-6 所示。

图 11-6

11.3.2 使用同步

【任务 11-5】线程同步的使用

1. 基本知识

同步方法的综合应用，通过上面任务 11-3 和任务 11-4 介绍的方法，完成线程同步的目的。

2. 任务实施

本任务创建了存款人 A 的对象 AA，取款人 B 的对象 BB，他们具有同一个账户即 Account 类对象 t。同时运行 AA 和 BB 各自的 run()方法，即开始进行存钱和取钱的操作。在第一个循环过程中 AA 随机先获得了"钥匙"，调用了 Account 类中的 save()方法，进行存款操作；此时虽然 BB 也要求调用 withdraw()方法，但是程序此时不会回应 BB 的请求。这是因为 withdraw()方法和 save()方法是同步方法，当一个方法被调用时，另一个方法就被锁住了无法调用。当 AA 完成存款操作后，释放了"钥匙"，程

序才会将"钥匙"交给 BB，调用 withdraw()方法。两个线程均进入阻塞状态 0.1 秒，然后开始第二轮循环，方法如下：

```
class Account{
    protected int balance=3000;
    public synchronized void withdraw(int mm){
        balance=balance-mm;
    }
    public synchronized void save(int mm){
        balance=balance+mm;
    }
    public int balance(){
        return balance;
    }
}
class PersonA extends Thread{
    private Account ss;
    public PersonA(Account a){
        ss=a;
    }
public void run(){
    for(int i=1; i<=2; i++){
    System. out. println();
    System. out. println("此时账户还有:"+ss. balance()+" 元 ");
    ss. save(500 * i);
    System. out. println("存款人 A 存入账户 "+(500 * i)+" 元");
    System. out. println("此时账户还有："+ss. balance()+" 元");
    try{
        sleep(100);
    }catch (InterruptedException e){}
    }
  }
}
class PersonB extends Thread{
    private Account ss;
    public PersonB(Account a){
        ss=a;
    }
    public void run(){
        for(int i=1; i<=2; i++){
        System. out. println();
        System. out. println("此时账户还有:"+ss. balance()+" 元 ");
        ss. withdraw(100 * i);
        System. out. println("取款人 B 从账户取出 "+(100 * i)+" 元");
```

```
        System. out. println("此时账户还有："＋ss. balance()＋" 元")；
        try{
            sleep(100)；
        }catch (InterruptedException e){}
        }
    }
}
public class Bank{
    public static void main(String args[]){
        System. out. println("银行账户原有 3000 元"+" \ n")；
        Account t＝new Account()；
        PersonA AA＝new PersonA(t)；
        PersonB BB＝new PersonB(t)；
        AA. start()；
        BB. start()；
    }
}
```

3. 任务运行结果

任务运行结果如图 11-7 所示：

图 11-7

习题十一

一、填空题

1. Java 开发程序大多是_____的，即一个程序只有一条从头至尾的执行线索。

2. _____是指同时存在几个执行体，按几条不同的执行线索共同工作的情况。

3. _____是程序的一次动态执行过程，它对应了从代码加载、执行至执行完毕的一个完整过程。

4. 一个进程在其执行过程中，可以产生多个_____，形成多条执行线索。

5. 每个 Java 程序都有一个默认的主_____。

6. 对于 Java 应用程序，主线程都是从_____方法执行的线索。

7. 在 Java 中要想实现多线程，必须在主线程中创建新的_____。

8. Java 语言使用_____类及其子类的对象来表示线程。

9. 当一个 Thread 类或其子类的对象被声明并创建时，新生的线程对象处于_____状态，此时它已经有了相应的内存空间和其他资源。

10. 处于新建状态的线程被启动后，将进入线程队列排队等待 CPU 服务，此时它已经具备了运行条件，一旦轮到享用 CPU 资源时，就可以脱离创建它的主线程独立开始自己的生命周期。上述线程是处于_____状态。

11. 当就绪状态的线程被调度并获得处理器资源时，便进入_____状态。

12. 一个正在执行的线程如果在某些特殊情况下，如被人为挂起或需要执行时的输入输出操作时，将让出 CPU 并暂时中止自己的执行，进入_____状态。

13. 处于_____状态的线程不具有继续运行的能力。

14. 在处理_____时，要做的第一件事情就是要把修改数据的方法用关键字 synchronized 来修饰。

15. 当一个线程使用的同步方法中用到某个变量，而此变量有需其他线程修改后才能复合本线程的需要，那么可以在同步方法中使用_____方法，使本线程等待。

二、问答题

1. 叙述创建 Thread 线程的步骤。

2. 简述 Thread 类和 Runable 接口之间的关系。

3. 线程的五种状态是什么，它们之间如何进行转换？

4. 说明进行线程同步控制的目的是什么。

5. 简述线程同步的方法有哪些。

部分习题答案

第1章

1. 简单易学、面向对象、平台无关、安全、多线程、健壮性、动态。

2. 是指 Java 语言编写的应用程序不需要进行任何修改，就可以在不同的软、硬件平台上运行的特性。Java 语言是通过 Java 虚拟机 JVM 实现平台无关性的。

3. 面向对象。

4. 面向对象的编程语言是以对象为中心以消息为驱动。面向对象编程语言为：程序＝对象＋消息。所有面向对象编程语言都支持三个概念：封装、多态性和继承。

面向过程就是程序＝算法＋数据。

5. JVM 是 Java 虚拟机。作用是通过 Java 虚拟机 JVM 实现平台无关性的，能掩盖不同 CPU 之间的差别，使 J-Code 能运行于任何具有 JAVA 虚拟机的机器上。

第2章

一、选择题

1. A 2. C 3. C 4. C 5. A 6. B 7. B 8. B 9. A 10. D

二、填空题

1. int float char

2. 1

3. ％ ＊＝

4. 135 10. 0

5. 5. 6

三、实训内容

```
public class ShiXun{
public static void main(String args[]){
    double a＝3. 1415；
    int x；
    long y；
    float z；
    x＝(int)a；
    y＝(long)a；
    z＝(float)a；
    System. out. println("x＝"＋x)；
    System. out. println("y＝"＋y)；
    System. out. println("z＝"＋z)；
    }
}
```

第 3 章

```
public class Fibonacci{
public static void main(String args[]){
  int i;
  int f[]=new int[10];
  f[0]=f[1]=1;
  for(i=2; i<10; i++)
  f[i]=f[i-1]+f[i-2];
  for(i=1; i<=10; i++)
  System. out. println("F["+i+"]="+f[i-1]);
  }
  }
```

第 4 章

1. 多态性是指程序的多种表现形式。多态有两种形式的多态：重载和重写。

2. 同一个类中，同名但参数不同的多个方法叫做方法重载（overloading）。

方法覆盖：当子类的成员变量与父类的成员变量同名时，子类的成员变量会隐藏父类的成员变量；当子类的方法与父类的方法具有相同的名字、参数列表、返回值类型时，子类的方法就叫重写（override）父类的方法。

3. 所谓接口是一种特殊的类，它定义了若干常量和抽象方法，形成了一个属性集合。引入的原因是 Java 语言仅支持继承中的单重继承，不支持多重继承。但这种结构难以处理某种复杂的问题。为了实现类似于多重继承的网状结构，引入了接口的概念。

第 5 章

1. 思考题

(1)String 类用来表示那些创建后就不会再改变的字符串，它是 immutable 的。而 StringBuffer 类用来表示内容可变的字符串，并提供了修改底层字符串的方法。

当我们进行字符拼接时，最好使用 StringBuffer 类而非 String 类，因为前者将比后者快上百倍。

(2)Date 类表示特定的瞬间，精确到毫秒。

Calendar 类是一个抽象类，它为特定瞬间与一组诸如 YEAR、MONTH、DAY_OF_MONTH、HOUR 等日历字段之间的转换提供了一些方法，并为操作日历字段（例如获得下星期的日期）提供了一些方法。瞬间可用毫秒值来表示，它是距历元（即格林尼治标准时间 1970 年 1 月 1 日的 00:00:00.000，格里高利历）的偏移量。

其实最明显的就是：前者是日期，后者是日历……就好比你家里的挂钟和挂历了……同样是对时间的操作，但是前者的粒度细些，时间控制会比较方便……后者对日期的控制会比较方便……主要就是日期……日历……前者操作时间，时分秒，后者控制年月日。

关键还有前者是类，后者是抽象类。前者能 new 后者无法 new，获取后者的对象必须通过子类的实例化类获得……

2. 程序设计题

```
import java. io. . *
```

```
public class convertToPrintString
{
    public static void main(String[] args) throws IOException
    {
        InputStreamReader reader = new InputStreamReader(System. in);
        BufferedReader input = new BufferedReader(reader);
        System. out. print("Please enter your word:");
        String text = input. readLine();
        String s = convertString(text);
        System. out. println(s);
    }
    public static String convertString(String str)
    {
        String upStr = str. toUpperCase();
        String lowStr = str. toLowerCase();
        StringBuffer buf = new StringBuffer(str. length());
        for(int i=0; i<str. length(); i++)
        {
            if(str. charAt(i)==upStr. charAt(i))
            {
                buf. append(lowStr. charAt(i));
            }
            else
            {
                buf. append(upStr. charAt(i));
            }
        }
        return    buf. toString();
    }
}
```

第6章

```
(1)public class MyDemo {
    public static void main(String args[]){
    int [] data = new int[7];
    init(data); // 将数组之中赋值
    print(data);
    System. out. println();
    reverse(data);
    print(data);
    }
    public static void reverse(int temp[]){
        int center = temp. length / 2; // 求出中心点
```

```
        int head = 0 ; // 表示从前开始计算下标
        int tail = temp. length - 1 ; // 表示从后开始计算下标
        for(int x = 0 ; x<center ; x++){
            int t = temp[head] ;
            temp[head] = temp[tail] ;
            temp[tail] = t ;
            head ++ ;
            tail -- ;
        }
    }
    public static void init(int temp[]){
        for(int x = 0 ; x < temp. length; x++){
            temp[x] = x + 1 ;
        }
    }
    public static void print(int temp[]){
        for(int x = 0 ; x< temp. length ; x++){
            System. out. print(temp[x] + "、") ;
        }
    }
}
```

(2) public class MyDemo {

```
    public static void main(String args[]){
        int data1 [] = new int[] {1, 7, 9, 11, 13, 17, 19} ;
        int data2 [] = new int[] {2, 4, 6, 8, 10} ;
        int newArr [] = concat(data1, data2) ;
        java. util. Arrays. sort(newArr) ;
        print(newArr) ;
    }
    public static int[] concat(int src1[], int src2[]){
        int len = src1. length + src2. length ;          // 新数组的大小
        int arr[] = new int[len] ;                        // 新数组
        System. arraycopy(src1, 0, arr, 0, src1. length) ;  // 拷贝第一个数组
        System. arraycopy(src2, 0, arr, src1. length, src2. length) ; // 拷贝第二个数组
        return arr ;
    }
    public static void print(int temp[]){
        for(int x = 0 ; x< temp. length ; x++){
            System. out. print(temp[x] + "、") ;
        }
    }
}
```

第 7 章

当程序中抛出一个异常后，程序从程序中导致异常的代码处跳出，try 块出现异常后的代码不会再被执行，Java 虚拟机检测寻找和 try 关键字匹配的处理该异常的 catch 块，如果找到，将控制权交到 catch 块中的代码，然后继续往下执行程序。

如果有 finally 关键字，程序中抛出异常后，无论该异常是否被 catch，都会保证执行 finally 块中的代码。在 try 块和 catch 块采用 return 关键字退出本次函数调用，也会先执行 finally 块代码，然后再退出。即 finally 块中的代码始终保证会执行。由于 finally 块的这个特性，finally 块被用于执行资源释放等清理工作。

如果程序发生的异常没有被 catch(由于 Java 编译器的限制，只有 Uncheck Exception 会出现这种情况)，执行代码的线程将被异常中止。

第 8 章

1.(1)输入字节流：InputStream，FileInputStream，ObjectInputStream

输出字节流：OutputStream，FileOutputStream，ObjectOutputStream，PrintStream

输入字符流：Reader，BufferedReader，InputStreamReader，FileReader

输出字符流：Writer，PrintWriter

读取用 InputStream

写入用 OutputStream

最基本的输入输出流类：InputStream、OutputStream、Reader、Writer

(2)FileInputStream 从文件系统中的某个文件中获得输入字节。哪些文件可用取决于主机环境。FileInputStream 用于读取诸如图像数据之类的原始字节流。要读取字符流，请考虑使用 FileReader。

FileOutputStream 文件输出流是用于将数据写入 File 或 FileDescriptor 的输出流。文件是否可用或能否可以被创建取决于基础平台。特别是某些平台一次只允许一个 FileOutputStream(或其他文件写入对象)打开文件进行写入。在这种情况下，如果所涉及的文件已经打开，则此类中的构造方法将失败。FileOutputStream 用于写入诸如图像数据之类的原始字节的流。要写入字符流，请考虑使用 FileWriter。

2. 程序设计题

(1)

```java
import java. io. File；
import java. io. FileInputStream；
import java. io. FileWriter；
import java. util. Scanner；

public class Test{
public static void main(String[] args) throws Exception{

    Scanner san = new Scanner(System. in);
    System. out. println("Input the text：");
```

```
        String strText = san. nextLine();
        String[] strArr = strText. split(" ");

        File file = new File("file. txt");
        FileWriter input = new FileWriter(file);
        input. write(strText);
        input. close();

        System. out. println("单词的数目" + strArr. length);
      }
    }
```

(2) import java. io. * ;
```
    class qxq
    {
    public static void main(String[] args) {
    int i;
    System. out. println("输入 q 退出");
    System. out. print("请输入:");
    try
    {
    while(true)
    {
    i=System. in. read();
    if((char)i= ='q') break;
    if (i= =13 | | i= =10) continue;
    System. out. println("该字符为:"+(char)i);
    System. out. println("对应数值为:"+i);
    System. out. print("请输入:");
    }
    System. exit(0);
    }
    catch(IOException e){}
    }}
```

第 9 章

一、填空题

1. JTextField

2. java. awt. event

3. 事件源

4. 监视器

5. ActionEvent

6. addActionListener( )

7. JFrame

8. JMenu

9. add(String s)

二、选择题

1. C　2. D　3. A　4. D　5. A

三、简答题

1. 用 JMenuBar 创建一个对象，表示一个菜单条，使用 JFram 中的方法 add(JMenuBar)，可在窗口中增加一个菜单条。

用 JMenu 创建若干个对象，每一个对象表示菜单条上的一个菜单项。

通过 JMenuBar 的对象 setJMenuBar(JMenu)将一个菜单加到菜单条上。

用 JMenuItem 创建若干对象，每一个对象表示一个具体的菜单项。

通过 JMenu 对象调用方法 add(JMenuItem)可将一个菜单项加入到一个菜单中。

2. (1)设置字体：用 Font 类创建一个字体对象，该对象表示一种字体。

通过组件对象名调用方法 SetFont(Font f)，即可设置组件的字体。

(2)设置颜色：用 Color 类创建两个颜色对象，表示两种颜色，一种颜色表示组件的前景色，另一种表示背景色。

通过组件对象名调用方法 SetBackground(Color C)可设置组件的背景色。

调用方法 SetForeground(Color C)可设置组件的前景色。

四、编程题(略)

第 10 章

略。

第 11 章

略。